蛋蛋之殇

淡淡以对

淡淡

蛋蛋之殇　淡淡以对

乐嘉　作品

中国文联出版社
http://www.clapnet.cn

# 目 录
C o n t e n t s

上部　蛋蛋保卫战

# 序

. . . .

蛋碎到淡淡

相比欢乐，痛苦更能激发出我写作的激情。本书的初稿，前所未有地一气呵成，当拜痛苦够大所赐，它的缘起，几乎要掉我半条命。

2015 年底，录制真人秀节目《了不起的挑战》时，不慎意外，我的一个蛋蛋被活生生震碎。这种碎法，前不见古人，后难有来者，堪称电视史上的奇谈。更不幸的是，住院期间，手术单被外泄，隐私不隐，随后，在元旦期间，我的蛋碎终成路人皆知的笑谈。为免遭断章取义所害，无奈之下，写了三篇网文，获得了前所未有的怜悯和同情。

网友扑面而来的各种鼓励来势凶猛，热烈异常。"蛋若安好，便是晴天。""有一天，这个蛋蛋将为拥有它的男人而骄傲！""蛋不在双，有蛋则灵。能有勇气写出来，算得上真男人！""你虽因肉身而脆弱，但你因心灵而强大。"……在这些余音袅袅的鼓励中，我的伤痛得到了极大抚慰，于是，决定不再顾影自怜，继续持笔，将此段公案留存。

我写本书，大体有以下几个想法。

## 一、记录一个蛋碎患者的康复之旅

理论上，蛋碎算不上绝症，不像那些从鬼门关走了一遭的朋友，能有资格谈生死，可对一个男人而言，蛋蛋之殇，犹甚于死。若是这次的治疗回天乏力，阳气不存，对我来讲，活着，无异于死去。

在我的自剖录《本色》里，被人们最喜爱的一句话莫过于"自剖越深，活得越真"，《淡淡》延续了这个风格，相比《本色》，自剖之深，犹甚。由于本书的所有主题都因蛋蛋而起，故此，从受伤到恢复，从小护士的功能到如厕时的狼狈，从人体毛发到猩猩与人类的睾丸差异，从中西医之争到壮阳食补，从人类阉割史到蛋蛋移植，所有涉及，事无巨细，都有阐述。

除了身体上的遭遇，我其实更想谈的是心态、人性、情义、生死，我想谈人生失去时的恐惧、面临重创时的脆弱、绝望无援时的惶恐、不知去从时的彷徨、重大抉择前的犹豫，自己和自己的对话，自己和他人的恩怨，所有的一切，皆是因蛋而来，因蛋而去。也许，你可当它是本《一个中年男人的蛋碎日记》来看。

为了忠实地记录这个全过程，不可避免地，我必须坦然面对自己的私处被公然解剖以示世人的尴尬。要做到文字既不说教又不庸俗，不仅需要圆融的写作技巧，更要在客观事实和阅读体验中找到平衡，我对自己毫无信心。冥思苦想之际，在一本莎乐美传记中得来解决之道。作为征服无数天才的女人，莎乐美一生在尼采、里尔克、弗洛伊德三个大师的情感中反复纠缠，但她真正承认最爱的只有里尔克，她自己在回忆录中写道："我爱你，是因为你向我展现了真实，展现了肉体和人性是不可分割的一体。"

原来，答案还是那两个字——"真实"。

所以，我唯一需要做的，就是继续真实，我会把我遇见了什么，我是怎么想的，我是怎么做的，不加隐瞒，不加修饰，都告诉你。我确信的是，不管你是谁，总有一天，你会需要走入一个重病患者的内心，那个人可能是你的亲人，也可能是你的朋友，我希望我这段从黑暗走向光明的自我解剖的心路历程，在你未来需要时，你能有所借鉴。

## 二、探讨对医患关系的理解

本书三分之一的章节都有谈到医生和护士，显然，在这本关于蛋蛋的故事里，他们的位置比我的家人和朋友重要，这是我此生第一次这么近距离地努力进入医生的世界，探知他们的苦水与不易。

就在不久前，我听到一条耸人听闻的消息：某对夫妻到南京江宁医院看急诊，男方蛋蛋有外伤，检查后，B超医生遭到女方一顿暴打，理由居然是：你检查了我男人的蛋蛋，影响了我们夫妻的感情。更要命的事情是，打人者是一名跆拳道教练。

我并不清楚这条新闻背后的故事，单纯论新闻本身，听到的那一瞬间，过往人生中我学会的所有恶毒的骂人话语开始在体内自动排列组合，随时有喷涌而出的欲望。我总觉得，医生检查病人时应该心无顾忌，病人本身也不该讳疾忌医。我对这种人最大的愤怒，还不仅仅在于施暴者本身是个脑残，而且是暴力行为对医患间原本脆弱的信任关系产生的雪上加霜的破坏，可能将会波及更多无辜的人们，绝对是一个老鼠坏了一锅汤。

一直以来，国内的医患关系就被国人紧密关注，这些事件，每发生一次，都会对医务工作者内心冲击巨大，令他们心寒不已。由于治疗的缘故，我必须得和不同的医生交流互动，这些人中，有绝望无助时伸以援手和给我建议的医生朋友，有给我温暖和力量的临床医生，还有抉择时帮我一锤定音的医生、养生馆里的针灸医生、民间的世传老中医、手术台上用玩笑帮我放松的麻醉医生和让我将全部信任都交付于他的主刀医生……没有这些救我于危难的医生，这本书的无数场景也不会成立，我内心深处想对医生表达的感激和敬意，都在这本书里。

话虽如此，也不代表我认为所有医生的所有做法都是正确的。蛋碎事发之初，我在文章中曾写过一个让我感到冰凉的医生。从道理上讲，当时医生没做错任何事，可在情理上，我觉得在当时的情景下，真的缺少了同情心和人情味。我当时很希望在文章中表达的观点是：无论医疗环境如何不尽人意，无论医生的压力多么巨大，请理解病人对医生的角色期待，医生还是应该关注病人的情绪。

文章发表后，有的医生觉得我明事理，能理解他们的不易和苦楚；有的医生觉得我根本不理解他们的艰辛，要求太高，是我自己过于矫情。这事引起的争议，对我内心的触动地动山摇，我已经在很努力地理解医生了，可为何还是会得到这样反差巨大的不同回应？我越来越强烈地感受到，是大家对同一件事情的理解不一样，才让医患关系有了更多隔阂的可能。缘于此，我开始运用性格色彩对不同医生和患者的性格进行逐一分析，对事件的背后原因做深层解读。

由于本书的重点不是一本性格色彩的应用实战工具书，书中所有关于性格的探讨，篇幅所限，只能点到为止。对尚未读过我其他的书，还不了解性格色彩妙用的朋友，请从其他性格色彩作品中了解更多信息。在此，我只想强调：人与人的性格差异有时真的比人与猿的差异还要大，如果我们不能学会站在别人的角度看待和解决问题，人与人的冲突将永远无法避免。

## 三、呼吁对男性健康的关注

在我蛋碎后，蛋蛋的新闻接踵而至：NBA 著名球星马刺队的吉诺比利在球场上腹股沟被撞，一只蛋蛋动了手术，无法参赛，返回球场后，惊弓之鸟，戴了一个蛋罩；阿根廷前国脚古铁雷斯一年前因睾丸癌摘除一只，一年后，一蛋换一球，踢入球队的制胜球，名声大噪；武昌大学生打篮球后，蛋蛋抽筋，双侧睾丸扭转，不懂蛋蛋常识，强忍 13 小时后，两只全被切除，就此废掉……

不知你是否会有同感？没发生一个事前，世上貌似从未听说，但自从事情发生后，忽然间遍地都是。我蛋碎后一个月内听到的蛋蛋的故事，比过去四十年听到的蛋蛋故事的总和还多，这给我造成一种错觉，怎么忽如一夜春风来，千蛋万蛋有恙来？貌似蛋蛋保护的市场广袤无边，是绝对的蓝海。可在从前，我的态度是，伟哥早把男性健康的万千宠爱尽数集中在鸡鸡的风采，一对小蛋能掀起啥浪头？

好友听说我写此书，无比惊诧。他认为我最早的网文，已对蛋碎事件做了可圈可点的危机公关，何必继续？难道不担心被人认为借蛋炒作？我说，我没法阻止别人怎么想，我只能确定自己为啥要做。

一个没生孩子的女人，不会理解分娩之痛；一个未曾蛋疾的男人，不会理解蛋蛋之忧。若非我遭此重创，也不会冒出这么多羞于为外人道的想法，更不会在此刻把自己的经验分享与你。既然上苍厚爱，赐我独特的经历，想来定有其用意。看看对女同胞影响深远的红丝带行动，男同胞从未有啥蓝裤带行动，也许上天希望我呼吁更多男人关注蛋蛋健康，就像女人关注乳房健康一样。

你看，世间谈性事的作品五花八门，但从来没人认真谈谈蛋蛋。我受创后的第一天，就想找本《华山论蛋》，但久寻未果，倍感沮丧之际，发下毒誓，若我此劫安然度过，定要以身伺虎，让有蛋疾的朋友毋需温习我悲凉时的沮丧，让没有蛋疾的朋友防患于未然。所以，在这本书里，我谈蛋蛋的内外构造、工作原理、自我检查、保养须知、日常锻炼、常见病防治与就诊法则以及如何面对所有男人一生最大的心理压力——性忧虑。在蛋蛋的学术问题上，本书肯定无法做到深刻，可如果在蛋蛋的科普上能开个好头，也算没白碎一场。

在我疯狂自学蛋蛋各项知识的同时，我一直努力搜索世界各地因蛋蛋问题而痛不欲生的病友们，有位美国的病友令我印象深刻。

30岁的Thomas，于2009年被确诊患睾丸癌第三阶段，癌细胞开始向淋巴扩散，状况不断恶化。他一边与癌症作斗争，一边希望通过亲身经历告诉他人不要对癌症早期掉以轻心，要经常体检，照顾好自己，才是预防癌症的关键，不要到了晚期，才知生命可贵。

可惜他的号召并没引起男人关注蛋蛋，他相信很多男人有这方面的困扰和疾病，所以，他就想还有什么比推着一个一米八高的大球到处游走更引人注目的呢？于是他就带着这个大球，希望从加州步行推着大球到纽约，唤起人们对男人健康的关注，不要觉得害羞就不愿意检查，有什么比健康还重要呢？

他的整个穿越没带一分钱，他希望人们在旅途中提供帮助，无论是吃饭还是住宿，他希望这场持久的战争不是他一个人在战斗，背后还有很多人关注。

以行为艺术的手法推广男性健康，很有创意，可如果我也去做和他同样的事，难免步人后尘，东施效颦，而且我也担心，一旦推蛋之旅结束，人们很快就会忘掉。我不想做这样昙花一现的事，我希望，当人们看了本书后，真心可以记得——关爱男性健康，就从蛋蛋开始。

如果你是男人，你对自己蛋蛋的认知，也许还没有你对宇宙的认知多，如果你自己都不关心，还指望女人来关心吗？我相信对男人来讲，了解自己的蛋蛋和把握自己蛋蛋的命运都是刚需。

如果你是女人，我认为你对男人最大的爱，并不是嘴上天天重复"我爱你"，而是认真和他一起讨论此书。蛋是生命之源，性福之本，只有他的蛋好，你才会是最大的受益者。你要让他明白，在任何情况下，都不要讳疾忌医，你要推动他的定期体检，这就像好男人应该关注并且呵护你的健康一样。

我希望在那位老外兄弟的大球推到中国前，就让老外先读到我的这本书。虽然在蛋的体积上，白种人的确大过黄种人，但是，在蛋的三观上，我梦想，有一天，也许中国人可以影响外国人，即便只是枚小小的蛋蛋，也同样可以传播中国故事，用蛋蛋为国争光。

几年前，哥伦比亚年过半百的诗人拉菲尔，想到欧洲宣传他的诗集，为了筹集旅费，他想了个疯狂的方法——在电台上公开卖他的蛋蛋。当时，他给自己的一对蛋蛋开价 3.75 亿披索，约合 120 万元人民币，平均下来，一个蛋 60 万。此事的后续进展，我也无从知晓。不过，得知此事后，我暗自发愿：愿欧洲人都读到《淡淡》的那天，我还不需要割掉我的蛋蛋。愿那时，淡淡飘五洲，蛋蛋却安然。

## 四、倡导健康的性教育

作为人类的本能，食欲与性欲这两兄弟获得的待遇真是云泥之别。对待食欲，人们从未遮掩，也从不讳言对吃的渴望；但对性欲，人们却百般遮掩，于性的渴望讳莫如深，如临大敌。

中国历史上，一直以来，性始终被视为亵渎之事。过去，人们的性知识近乎文盲。革命婚礼上，来宾祝福"抓革命促生产"，努力制造"革命接班人"，可人们并不知如何制造。某次，新郎刚宽衣解带，就招来新娘的耳光和要流氓的痛斥，可怜的新郎终身软掉。

茨威格在回忆录中也曾提到："一个望族出身的年轻女子不可对男性身体有一丝了解，也不可知道孩子是怎样出生，因为她在结婚时，不仅身体要完整无缺，心灵也要完美无瑕。对那时的女孩来说，有教养，意味着足不出户，天真无知；有些女子甚至一辈子都未真正体验生活。我姨妈结婚第一天的凌晨，她父母意外地发现她回到了娘家，泪流满面，她说那个新郎是个疯子，他用尽一切办法想要脱她的衣服。她极力挣扎后，才从那人病态的妄想中逃脱。"

这种对性的无知并非只在过去，即便是现在，学生们的性启蒙几乎都来自于道听途说和无师自通，不论男生女生，获取性知识的最核心来源都是网络，而讽刺的是，有些"爱情动作片"居然起到了不可低估的作用。令人痛心的是，最该担负起责任的社会、学校和家庭在性教育中却长期缺位。这种缺位，让人们无法健康地了解性，从而无法进行自我保护。这也就是为何我们会时有听说中学生和大学生"厕所产子"的新闻，每次听到这样的消息，悲从心中起，哀向胆边生，本质上，这些孩子都是性教育缺失的可怜的受害者。我在这里提到的教育，绝不单单只是指教育机构，也包括父母本身对孩子性意识的过度压制和过度紧张，对性教育的如临大敌。

最拍案惊奇的还有更甚，在某医科大学，教授考试一个女生该如何解剖男子生殖器，医科女生说，用刀划开，割开软肉，即可见骨。教授立刻纠正说，男人的生殖器无骨，她却答曰，我每次都感到他是有骨的。而就在去年，上海 900 对夫妻孕前检查中，有对夫妻不孕不育的真正原因是女方仍为处女，他们居然以为，两人睡在一起，精子便可飞来飞去。呜呼哀哉，这和刚才提到的那个 20 多年前的物质分子运动是何其地相似。

长久以来，关于性健康的话题，我们宁愿黑暗中苦思，不愿光明下讨论。也许为了区别动物的野蛮，故而，文明的人类在性事上一律隐蔽。但遗憾的是，人类表面上隐藏了性，暗地里，却总以暧昧的眼光四处窥探。

我希望本书中所有关于性的探讨，不需任何窥探，完全敞亮透明，能够做到尊重人性，流淌自然，在阳光照耀之下，坦诚真挚，自然美好。我希望我们的后代可以不再重复他们上一辈的那些荒唐事和糊涂事，能够珍惜并且享受上天赐予人类的所有美好。

## 五、分享如何正确地助人

感谢上海新闻出版局的蒋骏兄，在本书润色时给予高屋建瓴的指点，他让我更多刻画我在担忧时的心理变化，绝望时的情绪跌宕，逼着我深挖了很多忽略或试图逃避的思考。

　　我想起好友的母亲在生命线上徘徊了一年，从被判定为癌到离开人世，历经无数化疗，可即便完全昏迷，老人家生命力依旧顽强。这个积极乐观的小老太，在生命的最后一段，还对好友说，病房了无生趣，要看乐老师的节目。我听说此事的那一刻，手脚局促，大脑空白，一片沉默。

　　很早前，我就发现自己有个要命的问题，当朋友或他们的家人遭受病魔折磨时，我完全不知该怎么安慰，在面对类似这样的悲哀时，我除了逃避，就是不知所措。我恨这样的自己！

　　回忆住院期间，那些来探视我的各路朋友，为了让我宽慰，帮我重建信心，对我施展了十八般武艺。我把那些让我受到激励和让我莫名沮丧的桥段反复对比，结合不同性格的差异，似乎发现了一些应该如何安慰病中人的规律。

　　比如，自尊心非常强的病人，大小便不能自理时，会怀有巨大的屈辱感。很多人都会在照顾的时候说，"你不行，我帮你"，可说者并不知道，这个说法是一个梦魇的开始，会让他心里受伤，会让他产生抗拒，会让他对你逆反。自尊心强的病人，绝不想被他人视为弱者，而是想被当成一个正常人看待。所以，如果你说："我相信你现在遇到的所有问题，你一定可以解决。谁都有不方便的时候，我要是生病，你一样也会这么帮我。我现在所做的都是暂时的，你总要自己去做些事，现在，我会陪你，直到问题解决。"类似这样，效果就会更好。我亲爱的朋友，切记，你不是他的救世主，承认并接受他正在受苦，和解救他的痛苦是两码事。这些，都是我和无数病友的血泪史交流互换后的心得。

　　另外，在没有外力帮助的情况下，我们应当如何用信仰和自己的力量度过人生的黑暗，因为多数时候，痛苦来临时，唯有你自己陪伴自己。

我希望这些助人的方法，能使你更好地面对他人的痛苦，更有效地安慰和鼓励他人；我希望这些关于自助的思考，能在没人帮助你的时候，你可以帮助你自己。

这书原想直接用《蛋蛋》做书名，可我总觉得文艺青年们崇尚"大腿贵直白，文艺贵含蓄"，想着怎样可以不失直白的同时，又显文艺。后与谭昊兄聊天，那天我穿着米色的老旧长袍，术后重逢，他和我多时不见，说我身上多了些苏东坡笔下"寄至味于淡泊"之气，随后，问我蛋碎后有若涅槃重生，做何感想？

我想了半天，说感受太多，还是等我书出来以后，我先送本给你压箱底留念，你自己再买本慢慢看吧。他抓着我不肯，说等不了那么久，让我定要说出一二。

我想了想，告诉他，我以前健身，苦练的多是铁布衫，现在才知道，金钟罩才是男人的根本，如果当初拿出练铁布衫十分之一的时间练练金钟罩，也不至于蛋到摔时方恨软啊，可叹世人有多少都是等付出代价以后，才知道珍惜和后悔。就像很多人在朋友圈里都收藏的鸡汤对联："爱妻爱子爱家庭，不爱身体等于零；有钱有权有成功，没有健康一场空。"可一旦干起活来，被社会熔炉卷着向前，连滚带爬，根本停不下来，又有几个人真能做到呢？即便正在看本书的朋友，也很容易进入一场似曾约定的恶性轮回，这场轮回有它固定的模式，通常是，看时认同看后忘，继而，重创受伤悔莫及，最终，好了伤疤忘了疼，然后，继续循环往复的命运。

我又想了想，对他说，重创之后，万物皆空。一开始，还没治疗前，就是万念俱灰的感觉。治疗以后，躺在病床上，想得最多的就是，如果没有健康，一切努力都成空。刚出道的时候，总觉得平淡就是无欲无求，不思进取，人近中年，才发现，平淡是种大彻大悟的境界，没有对名权利的无止追求，没有对物质的无限依赖，没有对感官刺激的无尽放纵，开始对物欲做到取舍，面对喧嚣诱惑时平静从容。说到底，任你是多么了不起的大人物，家财万贯，一日不过三餐，广厦万间，夜眠不过三尺，末了，终究还是绚烂之极归于平淡。

他听我讲完，觉得我相由心生，境随心转，给我下了个定论：作为一个历史上有过堂堂正正记录的蛋碎患者，作为一个差点被摧毁男性尊严、险些断了命根的过来人，这些话现在从我嘴里说出，颇有小僧说法的味道。

话说到此，他提议，既然万物终归平淡，干脆就叫《淡淡》。

我愣了十秒，闭目斟酌，越想越热，瞬间，通畅淋漓，起立作揖。

淡，这个字处处禅机，妙境无限，所谓"作诗无古今，惟造平淡难"，能做到剔除杂质、直抵本质，境界极高，玄妙至极；

淡，既能不为名利所迷，又可在做事时，力戒浮躁，得之淡然，失之坦然，把每件事做到实处，化繁为朴，至简大道。

这本蛋蛋的故事，就是淡淡的故事。

若你是女子，此书也许可伴你回忆起你生命中的一些人，一些事，一些美景，愿你享有月白风清的淡定，人淡如菊的从容。

若你是男人，"看尽人间兴废事，不曾富贵不曾穷"，愿你面对生命中的苦难和挑战时，淡然若水，安之若素，淡泊明志，宁静致远。

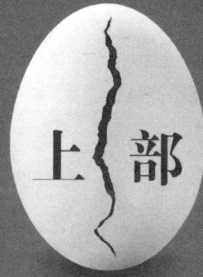

# 上部

·
·
·

## 蛋蛋保卫战

# 01
## 缘起
·
·
·

天崩地裂，吾命休矣

2015 年 12 月 31 日深夜到 2016 年 1 月 1 日凌晨，我人生头一次在医院的病床上独自度过。我把身旁的人悉数赶走，自己一个人像只晒得干瘪的大虾，蜷缩在沙发里，在时不时有烟花划过的黑暗里发着呆。整个夜晚，淡雅素静，既没有丝毫的跨年仪式，也没有回顾历史的跌宕起伏，那些往年里必然展望未来的雄心壮志也烟消云散。就这样，啥也不干，纯粹地发呆。

就在新年到来之际，我开始了此生做梦都想不到会落到自己身上的"淡淡的忧伤"。一个中年男人，即将步入生命自然衰退期，原本就对自己的枪战实力患得患失，不料，就在这个交关紧要的时期，遇到了最悲催的蛋碎。在面对自己该补还是该割的反复取舍中，我不得不思考着人生的终极问题——"小乐子，如果你赢了世界，输了蛋蛋，值得吗？"

## / 缅怀我那优雅的蛋碎

2015 年的最后一个季度，我参与了央一播出的真人秀节目《了不起的挑战》。节目录制过程中，拼杀得很过瘾，不过，似乎俺流年不利。就在那几个月里，前往录制途中，车祸被撞了一次，肩腕挫伤，至今未愈；录制过程中，光头被道具砸破，头顶刮了四道流星；某期通宵后，高度疲劳之下，一个眼睛爆了，莫名其妙搞了个急性结膜炎，可叹自己不当回事，很快，事就让你尝到你不拿事当事的后果——从结膜炎转为角膜炎，从单眼到双眼，交叉感染，折腾得我暗无天日，焦躁不安。那种失明的感觉，让人求生不得，求死不能，每天眼里除了药水，就是药膏，动用了针灸、放血、按摩等各路英杰好汉。原本期待在之后的节目开录前，可以眼如秋水目若朗星，事实上，却是双眼飘忽，弥漫着清烟般的惆怅仓促上阵。

上阵前，眼肿的模样看上去像是刚从思密达割皮而归，无奈，只能戴着墨镜开录。在连续两天疲劳作战后，26日清晨，开录消防专辑，腾挪翻飞，及至夜间22：30，开始最后一个训练项目——紧急滑竿，那时双目已一目不见一目蒙眬。第一次练习滑竿，夹脚松开得太早，导致膝盖半月板旧疾产生剧烈冲撞。第二次练习时，不敢再松开，紧盯地面，可眼睛模糊不清，等到自己松脚时，已经来不及了，一屁股坐下，瞬间"山无棱，江水为竭，冬雷震震，夏雨雪，天地合，乃敢与君绝"。那一刻，除了蛋疼得想死，别无他物。

两次集合出列，硬撑之后，天旋地转，两股战战，只能趴下，原本像个独眼龙一样前来录制本期节目，已经勉为其难，撑到最后，快见胜利曙光，可最后一刻，还是功亏一篑，呜呼哀哉。当时，自己还觉得躺上一晚，元气当缓。可撞击后懵懵懂懂，直到事发一个半小时后，疼痛加剧，才想起自掏鸟窝。谁知，触及宝物，浑身一震，此宝比平时立体丰盈，坚实肿胀，陡然膨大两倍半有余，至此，我再怎么迟钝，也知大事不妙，吾命休矣。

27日凌晨1点，第一次送往急诊B超，历经一场凄凉的检查后（此处按下不表，留待后续），急诊泌尿科的小实习医生拿着检查结果，傻傻地看着我不知咋办，语焉不详，嗯嗯啊啊，叽歪了半天，告诉我："我们这弄不了，要么你自己转院吧。"

那是我此生最绝望的一个夜晚。

在这个夜晚，我不知道哪儿可以找到紧急咨询的专业人士，不知道"爆了"和"碎了"的差别在哪里，不知道蛋蛋血肿到什么程度会坏死。那一刻，我在医院外笼罩着浅浅雾霾看不见星空的深夜苍穹下，一只眼瞎着，一只眼半瞎，坐在推起来震颤有力、轮子还时不时嘎嘣嘎嘣卡壳的轮椅上，忍受着伤痛被反复颠簸，除了无助，就是悲哀。

我厚着脸皮，半夜里叫醒了几个非泌尿科的医生好友，紧急讨教，主力问题围绕在：现在能咋办？万一坏了以后还能不能用？影响战斗力吗？影响生育？最坏的结果是什么？……在那个午夜，我被快速普及了男人一生中最重要的生理常识，终于明白"一蛋在，激战撒种可尽情随意；两蛋无，大圣一柱也休想擎天"的真谛。正所谓："一柱擎天，万岳归宗；两蛋若毁，六欲皆空。"

这道理明了的刹那间，我摸了摸自己的另一边，用力捏了捏，确认并不痛，心下多了几分淡定，虽然依旧痛心疾首，但至少未来还能使用，可以保持一个男人的基本尊严。温饱尚存，可慢慢再图小康，否则下半生怎样活着？那时的我，完全想不起司马迁老师的丝毫光辉。

## / 蛋碎夜，无眠夜

就这样，月黑凋零，天阶夜色，悲凉如水，我独自做好了一个蛋蛋将被割掉的最坏打算，在朋友的疏导宽心下，准备回到宾馆。路上，想起打球扭伤后都是用冷毛巾敷，原理也许一样吧，可医院没有冰袋卖，我让助理到超市冰箱买了几瓶冰冻矿泉水。进了房间，两腿劈开，步缓行迟，从房门移到床上的这段距离像过了半个世纪，终于成功地将屁股挪到床上。然后手持冰器，置于蛋旁，怕冻得太厉害，时不时还变换些角度。冷敷了两小时，希望可借此减少渗血，减轻肿胀；也可顺便在低温下保存蛋内受伤后的血管，这关系到日后的生精大计。除了冷敷，因为伤蛋下坠，实在太疼，遂把毛巾卷起，轻轻托住。

整个过程，不忍直视。

那个夜晚，我对这个陪伴多年的好兄弟深感愧疚。这些年来，他无怨无悔，不像脸蛋，总想着招摇世间，这位蛋兄从来不需见天日，一直躲在幕后，默默耕耘，总能给我作为一个男人最大的人生快乐，可我却没能保护好他，我无地自容。那一刻，我看着我那变形的蛋兄，腹部剧痛，无比凄凉，唯有孤独。

我突然想起，多年前去尼泊尔，在恒河岸边，与无数流浪的信众摩肩接踵。在烈日下的斑驳墙角里，打坐着一位似被这个世界抛弃的长者。长者上身包裹得像丐帮九袋长老，下身裆部四面穿堂，衫布随风摇曳，身下宝物不经意地扔在地面，正迎艳阳。我只看了一眼，顿时石化，那个画面今生不忘。长者的阳具并不出挑，算不上雄伟出奇，但柱下双蛋可圈可点，A蛋圆润，蛋若乒乓，浑圆全褶；B蛋巨硕，蛋若排球，晶莹剔透，粗细血管错落有致，吹弹可破。我不敢细细端详，生怕那是对长者极大的不敬，远远偷窥，A蛋和B蛋并列一起，那是何等巍峨壮观——一只老式的大炮架在高低不平的两座堡垒上，炮头灰暗。因为巨堡和小堡的画面严重违和，炮管只能无力地耷拉在小堡上，然后一起扎堆，斜靠在下盘扎实、旋转而上的巨堡上。经多方打探，得知老人患此怪症，在河边已端坐两年，虔诚地等着见他的印度神，这位有尊严的老人，从不吃嗟来之食，赖以生存的唯一方式就是为游客提供有偿合影和摸蛋服务，我放下点纸币，不忍拍照，更不敢动心起念去触及神器，略带伤感，黯然离去。

半月之后，我出院了，才知道原来印度长者的这种病叫"极端阴囊象皮肿"。有一部纪录片——《世上最大睾丸的男子》，追踪了49岁的拉斯维加斯男子Wesley与自己60公斤重的大睾丸对抗的经历，在13小时的手术后，才成功摆脱了这种怪病的尴尬。当我再次注视着我的蛋兄时，印度九袋长老的景象以3D大片浮现在我的眼前，挥之不去，我想象自己的下体也会继续扩张，变成一个人见人嫌的怪物，我两腿发软，用力掐了下自己，不敢继续乱想。

我开始想我的丫头灵儿，嗯，幸好乐门已经有后。我开始想，亏得不惑之时我做了精子冷冻，虽说不像20岁血气方刚时留下的那般强壮，但好歹存储的弹药还算充足，亿万蝌蚪奋勇追杀，即便是胡乱冲锋陷阵，再养个排也不在话下。可还没轮到我得意，一想到，即便我过去功盖千秋、震烁古今、儿孙满堂，可万一雄风荡然无存，万一······那未来的生命，活着与死了，又有何差异？我特别想找几个名垂青史的无蛋英雄或独蛋豪杰来励志，可我知道，用一个蛋来换个皇帝做的买卖，俺不干。可能有人会说，做了皇帝，啥都有，少个蛋，又不是不能干，代价还是值得的。好吧，你要，你上；我，还是要我的蛋。

这时，唯一能安慰我自己的，只有一个尚存的信念——上天安排，必有其深刻用意，你只能接纳你无法改变的，改变你能改变的，祈祷着奇迹出现。

就这样，我还来不及感觉到黑夜的漫长，半疼半梦中，天亮了。

# 02
## 检查

·
·
·

**冰凉 B 超，绝望无援**

## / 此生最惨的脱裤子

熬过漫长孤夜，清晨 8 点，朋友找到了复瑞医疗的老施，这家伙打造了一个患者和专家联结的网上平台，据说随时生病，随时可找到你想找的人。这个生意的兴起，只能说明医疗资源的匮乏和民众生病时寻找专家的渴望，也难怪两会上众人对"打击医院挂号黄牛"的提案是那么关注。

找到了专家，再次被送入 B 超室。医院这种地方，有了熟人心有安全感，不像第一个深夜那样孤独无助。我唯一担忧的是，万一碰到的还是昨晚那位给我做 B 超的医生咋办，那是我不愿回忆的一场梦，那个梦，我一直努力让它变得模糊，快速遗忘。

在那个深夜的梦里，我被推到 B 超台旁，花了足足三分钟，才将自己缓缓放倒，女医生头也不抬，问："做哪里？"

我故作轻巧地从空中划过一声"阴囊撞伤"，医生吐了俩字，"脱掉"。

我努力宽衣解带，动作笨拙，裤子下行缓慢，我此生第一次感觉脱裤子的道路是这样的艰辛漫长。那一刻，我想起我历史上的女友经常会无比惊诧于我云雨时的干脆利落，常在她一转身摘下发卡或去掉耳环的蓦然回首间，我早已完成了正襟危坐到赤裸相见的全过程。清纯的女孩始终不明白，那仅仅只是因为人性原始的生命力不仅饱满而且野性。可此刻，我的生命之源正遭受着史无前例的劫难，即便是再大的美人玉体横陈，我也会嗤之以鼻，并非是我突然被柳下惠附体，道理很简单，在色诱面前，再大的圣人也比不过一个小太监。

就在这个冰冷的B超台上，我每动一下，都牵扯着五脏六腑。好不容易把运动裤褪到蛋兄刚现真身，那个冰冷的女声再次响起："名字？"

我助理赶忙接话说："医生，单子上有。"

"写的什么？"这时，从医生的声音里，我已经感觉到长脸拉了下来。

"很清楚啊。"我那个无知的小助理还要继续跟医生犟嘴。

我知道助理是怕念出名字后让我尴尬，因为说她老板的睾丸受伤是件多么难以启齿的事，怕世人繁杂，有恶意之人开涮——"玩过了吧，活该把自己的蛋玩坏"。可小助理不知看病这事最怕讳疾忌医，医生的态度如何是一码事，可医生询问患者名字，只是工作上确认病人与病历相符的例行检查程序而已。

我赶紧严肃地报告："乐嘉，快乐的乐，嘉奖的嘉。"

就在那一瞬间，我保卫蛋兄的欲望远远超过一个男人想遮掩自己尴尬的欲望，我一面继续将裤子艰难而努力地褪到膝盖以下的位置，以便双脚分开，迎接B超的检阅；另一面，我侧过头，用我自己都无法想象的坚定神情看着医生。

她又问道："怎么伤的？"

我赶紧报告："训练时从滑竿滑落……"

话音未落，她立即用更冷的口气快速切断我的话："hua gan？什么hua gan？"

于是，我给她解释什么叫滑竿。

她瞄了我一眼，说了句："不用脱了，够了，自己拨开。"

我斗胆问了句："脱到这，腿还不能完全分开，等下医生你方便操作吗？"

冰冷的声音再次响起："可以，向上拨！"

肉随砧板，任人宰割。我像条死鱼，双腿极力撑开，一只手拽着裤子，一只手将我那重创后已经萎缩得不像样的小弟弟向上撩起，远离蛋兄。B超管开始在蛋兄身上游走。先是在右蛋兄身上散步了一圈，无痛感，真是大幸；仪器移步至左蛋兄，稍一接触，痛入骨髓，之后，每次挪位，就感觉蛋蛋被人死死揪着，痛到不敢呼吸，更别说喊了。

B超管要移到蛋兄最底部做检查时，因为裤子只脱到蛋兄齐平处，被裤子牢牢束缚，双腿无法尽张，医生伸到底部将仪器挑动挪移，我的眼泪止不住地从眼角流出，我很想骂娘，我早就想把裤子脱到膝盖，是她不让我脱的，疼死我鸟。

医生打出报告单，我一边迅速提起裤子遮盖，一边恳请她解读伤情，她说了六个字"有损伤有积血"，我斗胆再问："医生，肿得算严重吗？"她扔了一句话回来："自己去找专科医生。"

黑灯瞎火的大半夜，我到哪里去找专科医生？我连接下来是死是活都不知道，她却连句不成形的安慰也没有，比北极还冷。说心里话，这句话，将我打到谷底，无比心寒。

其实，在那时，我最原始最朴素的想法就是：

第一，作为B超医生，你也许对泌尿外科专业完全不懂，可你要知道，前面门诊那个直接让我过来做B超的实习小医生，伤只看了一眼，就慌了，急忙把我打发过来。你是迄今为止世上第一个真正研究过我伤口的医生，至少可给点人道主义的经验分享吧。我又没问你具体的伤情。如果我强迫你一定要分析检查报告，那是我在勉强你做非分内之事，但你即便不懂，你做B超这些年，也查过一些蛋蛋吧，你和我说一句"放心，不算最严重，曾有过更严重的"或者"情况不算轻，要赶紧找专科医生诊治"，都会听上去感觉很温暖。

第二，假设我是你人生中第一个做蛋蛋部位 B 超的患者，你如果跟我说："这个问题我暂时无法回答，因为这种情况很少见。你可以等专科医生给你咨询。"我也会感激你的坦诚相告。问题是，我现在根本就找不到任何一个可以问的人，你是医生，我作为患者，在半夜找不到一个靠谱的可以问询的医生，只能将希望寄托在你的身上。虽然回答这些问题也许并不是你的职责，但你甩手掌柜万事不管的态度，在病人想抓救命稻草却抓不到的时候，的确很容易激发起病人的情绪。

## / 意淫的快乐

这时，我心里涌起一阵热血，这个女医生如果是我的粉丝啊啊啊，该有多好啊啊啊。在这一刻，我对生命的欲望压倒了一切我对面子和尊严的追求，我开始肆无忌惮地无耻意淫。

如果正在给我做 B 超的这位女医生是我的粉丝，也许她会目睹着我生命的混沌之初，视若无物，然后握着我的手，和我诉说：你那个《非诚勿扰》好犀利呀，你那个《演说家》好口才呀，你那个《了不起的挑战》好肌肉呀，你那个书写得好好玩呀，你那个教人演讲教得好好呀，你那个性格色彩真的好有用呀……

然后我无比尴尬地挤出笑容，柔声对她说，"姑娘，可以别一直让我光着说话吗？"

"哎哟，你看我，都忘了。"

随即，她不好意思地扑哧一笑，紧锣密鼓地投入到各项检查和无微不至的说明中，并且主动要求各项指引和陪伴。

她拨弄我的宝物进行各项检查时，轻拿轻放，不以物喜不以己悲，眼神清澈而专注，无亵渎之心，无娇羞之情，无挑逗之意，落落大方，触景不生情，睹物不思春，每一个毛孔都散发出专业素养和职业精神。

她对我蛋兄的关照和呵护，就是在我危难之时，对我心灵的无上慰藉和贴心陪伴，真的美极了。

这一幕，在我上次脑袋砸开花，去医院里缝针补头的时候，就似曾出现。可这个夜晚，我最想要的这个夜晚，啥也没出现，只是我自己在无聊地编织一个海市蜃楼而已。我被一个冷冷的医生，在这个夜晚，打了根闷棍，浇了桶冰水。

## / 别样解读

助理愤愤，对女医生的态度不解，觉得怎么可以对病人这样冰冷。我骂她，现在先让你老板蛋定，是头等大事，生气有个屁用。而且，你对国内当前整个医疗大环境的要求太高了，我想说的是，在环境不如人意，而你又无法改变的情况下，你要学会适应和接纳。何况，凡事必有因果，原因也许很多，你可以有很多让自己充满理解的别样解读：

1. 也许人家医生非常敬业，其实早就知道你是那个所谓的电视上的公众人物，为避免你的尴尬，目不相对，故意装作素不相识，其实，是在照顾你的面子。

2. 也许女医生是新手，不能在就诊时做到万物皆空，还不能自由转换，还未达到见男性活体如见干尸标本的境界，给男性的下三路做B超，也许难免尴尬，也害怕男病人会尴尬，所以，故意冷淡面对，大家赶紧过场。

3. B超医生并非全科医生，通常医院规定，超声医生不可擅自乱给病人说法，应由专科医生负责，万一说错啥，怕承担不起责任，还不如少说少错，例行公事，各回各家，各找各妈。

4. 据内部消息，医生流失率惊人，病人越来越多，医生反而减少，医患关系紧张以及职业条件限制，导致医患供需严重不足，常常深夜连续翻班几天，环境不佳，压力巨大，难免态度不佳。

5.女医生也是正常人，也许今夜姨妈初次造访，抑或刚刚失恋，也可能她的性格色彩根本就不是那种红色性格自来熟，天性冰冷，深居古墓，难能笑脸迎人。你不可能要求每个凌晨一点半给你照 B 超的人都做到如沐春风，宾至如归。

……

当我在最脆弱的心理状态下仍旧受到心理打击时，网上有两位不同的 B 超医生的留言，给我印象深刻，让我深刻体验了人性的复杂。

让我觉得通体冰冷的一个留言是：

> 不管你是明星还是谁，都只是个普通病人，在你后面或许有更需要就诊的病人，根本没时间浪费在寒暄上，你当看病是走亲访友吗？半夜去急诊，还要求宾至如归，非要博得别人的特殊关怀，你认为自己是名人，就高人一等吗？医院是个利落的地方，是个就事论事的地方，患者需要安慰，但医生的命更苦。医生受苦受累时，没谁安慰过一句，也没谁体谅过一次，可患者到了医院，心理上却退化成了小孩。但是，请你记住，疼哄患者的义务是在家属身上，医生最信奉的是专业，帮你看病，如果你要安慰，谁都会告诉你请自己坚强一点。

让我感到无比温暖的一个留言是：

> 首先，祝福你早日康复，重振雄风，作为一名超声医生，谢谢你的理解，夜班通常是一个人完成，也会遇到隐私部位损伤的患者，身为女大夫，在这种情况下，即使心里再多柔情似水，却不是佳期如梦。各种类型的患者都有，情况复杂，所以有时板起面孔，只是

为了自保而已。久而久之，成为了习惯，这不能不说，也是一种人际关系的悲哀。

每个人站的位置不一样，经历过的事件不一样，性格不一样，对同一件事情，会有不同的视角和解读，这些不同的反应，对你而言，也会造成不一样的连环反应。我不敢说，我的反应和想法一定是正确的，我只想说，我的反应代表了大千世界中的一种反应，你与我不同的反应，也算是千万种反应中的一种。我只是希望人们都能互相理解不同反应的出发点和根源。

在下篇文章中，我会详细来谈，为何不同的性格会有不同的心理需求以及有可能引发怎样不同的医患冲突。

# 03
# 态度

· · ·

医患之争，谁是谁非

## / 医生，你可以多讲几句吗？

次日清晨，赶往医院，再做 B 超。我有点害怕再遇到那位冷冷的医生，但想到太阳出来了，虽然前途暂时并不光明，但至少见到的人能多点，不会像半夜里找不到人时那样绝望。比起《荒野猎人》中的主人公，我这算个啥？

这次，换了个看上去自然放松、年龄略大的女医生，不像昨夜那位，感觉是为了避免尴尬，刻意和我划开界限。我有点困惑的是，其实，不管是在敏感部位做检查，还是探讨特别"难以启齿"的话题，你越坦荡，人家也坦荡，你越不好意思，人家也会不好意思。我作为一个病人都没尴尬，你作为医生为啥要不好意思呢？看来在医学院学习时的心理建设做得还不够到位。所以，每次查房，一群女医生围绕在我蛋旁指点江山时，我立刻开启"跳出二次元"模式，进入到一种破碎虚空的境界。在虚空中，我和一群专业人士踊跃探讨着一个似乎和自己完全剥离的学术问题，大家把我的蛋蛋当成科研的实物，而我想象自己就是那个活标本，正在为男性健康事业做贡献。

检查报告出来，看到一堆高大上的专业术语，每个词听上去都显得我这次蛋碎是那么的掷地有声熠熠生辉，诸如：内部回声、睾丸鞘膜腔积液、血流像、蔓状静脉丛、附睾切面形态……我看得眼花缭乱，还是没懂是啥意思。

我心情焦虑，急迫地希望 B 超医生能直截了当告诉我这个报告说明啥。我很清楚，在中国，超声医生通常只负责做检查，报告和病情的解读责任和权力都在专科医生，超声医生不可能内外妇儿的每个门类都懂。如果和临床医生解读的话相同，则无妨，如果两人说法不一样，病人若投诉，谁来负责任呢？临床医生会很反感，理论上，超声医生是没有权力解读报告的。

我非常理解医院为何会有这样的规定，一定是先前曾经有过 B 超医生和临床医生口径不一，给患者带来困惑的教训。还有，就是医生一定遇见过胡搞难缠蛮不讲理的病人家属，最后恩将仇报，颠倒黑白，伤了医生的心，算了，吃力不讨好，多一事不如少一事。

你可能会问，我为啥一定希望在那时能让 B 超医生讲几句呢？

这个答案再简单不过！因为多一个医生讲话，对我这种性格的患者，心里就多份安全感。我猜想，"病急乱投医"都是这么来的。

甭管你是谁，只要你穿白大褂，你说的话，就会让病人多份安心，病人在生死未卜的情况下，"安心的需求"是超过"治疗的需求"的。让我生还是让我死，给个痛快话，省得俺自己瞎猜。

当你看到我上面这段话的时候，不同的读者必定会有不同的感受。如果你看到我的这段心声，觉得我俩想法一样，说明你我的性格类型相同，我们都是以红色性格为主的人，需要心理支持，需要反复确认。

但你必须要知道的是，并非世上其他人都这么想。

## / 他不要安慰，他只要搞定

我有个朋友阿勇，他去医院看病，根本不需别人对他关心，医生对他的态度是热还是冷，他也不在乎。他只在乎你到底能不能治好他的病，啥时可以治好，他只在乎那个关键医生的意见。他觉得关心本身并不能解决问题，有没有都无所谓，你愿意关心，那谢谢你，你不关心，我也无所谓，只要你能看好病就行。

所以，我可以想象，如果他是我，他做完 B 超，根本就不会问 B

超医生半句废话，直接拿报告走人。他心里想的是："你的态度好不好，我无所谓，又不是你给我看病，你又不解决我的问题，我只想去找那个能帮我治病的医生，那才是我唯一关注的。"但这种想法，对我来讲，根本做不到。我内心太脆弱，有依赖感，心里需要呵护和关怀，即便你啥问题都不能帮我解决，可你给我几句温暖的话，表达一下关怀，也能让我如沐春风，阴转多云。我不像现实主义的阿勇，我是个可怜的理想主义者，强烈期待世界大同，天下人和人之间都无比温暖友好，虽然我清楚地知道那是不可能的，但还是抑制不住地会有这样的想法。

在我多年来研究的性格色彩里，像阿勇这种人，就属于黄色性格——做任何事目标感都无比清晰。他们不会被情绪和情感所左右，没有感受上的困扰，专注于事情本身，搞定！搞定！！搞定！！！唯有"解决问题"最重要，其他都可放在一边。

而像我这种红色性格，把"感受"看得很重，认为病人就是弱者，需要得到关怀和安慰，得不到，就会有失望和沮丧，故而，"感受"和"解决问题"同样重要。而且，某些时候，只要不牵涉生死，"感受"比"解决问题"还重要。

这两种性格有完全不同的世界观，看待世界、看待生命、看待人际关系，也有不同角度，是需要相互理解的。可惜，人们很容易以己度人，认为只要别人和自己想法不一样，就是别人的问题，试图一棒子打死。人类的冲突，就是由此而来。

其实，我想说，在看病一事上，我这种红色为主要性格的人，获得信心的方式，就是四面八方都给予鼓励，可借此强化自身勇气。这方法，也许让勇猛无敌的你鄙视，让只认重要人物的你觉得幼稚，但对我这种胆小的人，效果好使得很。我想说，其实我希望的是温暖，某种程度上，温暖甚至可能比专业更重要。

不得不说，对一个红色性格为主的人而言，温暖 = 荒漠甘泉。

## / 一个吓出我心脏病的医生

我想起一件烙印在心无法磨灭的事。

年轻时和朋友去山区玩，不知为何，头重脚轻、气喘胸闷、腿软发热、鼻涕乱流，以为是重感冒，吃了随身带的各式感冒药，咋弄都不行，硬生生坚持了三天，每个晚上睡觉，都把同伴折腾得够呛。因为难得一个长假，不想打道回府，又还有三天的行程，怕撑不住，万一倒在溪涧中就完蛋了，遂翻山越岭，去最近的县城医院就诊。

医院冷冷清清，从进去开始，那位医生就一脸严肃，看着我狼狈不堪的样子，毫无表情。看病过程，一问一答，没半个多余的废字，极其干脆。我阐述长征的详细过程时，他只告诉我"讲重点"，他问我问题的时候，心无旁骛，开门见山，直切主题。不到四分钟，看病结束了。他一边告诉我没事，不需担忧，多喝开水，另一边麻利地用钢笔蘸着墨水以天书体开着处方。

我见他这么快就找出根源并且对症下药，赞叹不已，想想自己吃了那么大苦，走了那么远的路，他只用了四分钟就搞定，心下不甘，怎么着，也得搞搞清楚。于是，我接过处方，看了看，看不懂，就嬉皮笑脸地向他请教："啊，这么快就开好了啊，医生，你开的这个药有用吗？"

当时我看也没有其他患者，他应该不算忙，就想让医生大人多跟我讲讲我这个病到底是咋回事？咋得的？该怎么避免？要紧不要紧？说白了，我这种红色性格，想要的，无非就是能多得到些医生的安慰。因为在我心里，医生就是我的救命稻草，他安慰我一句，比我出游的同伴安慰我百句都管用。

可那个医生听到我问他的问题后，用刀子般的凌厉眼神横扫了下我，然后，以雷霆之势，唰地一下，把已经在我手中拿着的药方抓回去，团成一团，扔进脚下的纸篓，然后轻轻地说了一句："没用！去找其他人吧。"

以我当年的智商和情商，哪怕使出便秘期间拼命拉屎的劲，也无法想出这事的头绪。20年后，那位医生的音容笑貌还是徘徊不散。

当我这15年来开始研究性格色彩，并且我们的培训团队有机会给很多医院的管理者和医务工作者分享时，我才发现，原来他是黄色性格的医生。

在他的理解里，那时我说的那句话："医生，这药有用吗？"意思就是："这小子居然会质疑我的专业性和权威性？那么，既然你不相信我，就请自便吧。"可在我看来，这完全是一个善意的求教的表示。天呐！他的理解，却完全相反。

这事说明：如果红色性格的病人，能多理解黄色性格医生看病的风格，就会发现，黄色只是喜欢关注解决问题，并不擅长关怀对方感受，他们觉得帮你治病，就是医生唯一的责任。而如果黄色性格的医生，能做到多理解红色病人的心理需求，多些交流，多些关怀，多些鼓励，红色性格会感激涕零的。

四类不同性格色彩的医生和病人，都有他们的心理需求和动机，如果我们能更好地相互理解，那该多好。这事太重要了，我在这里不厌其烦地重复这个观点，只有一个原因，就是——不懂性格，真是要命，会死人的！！！（关于性格色彩与医患关系的分析和处理，详情请参阅《色界：说话说到点子上》。）

## / 冰火二重天的秘密

现在，再次回到我的 B 超报告。

我很清楚，报告是要拿到专科医生那里才能详解的，但还是习惯性地请 B 超医生解释下这张单子是啥意思。我问医生："严重吗？"医生对照了昨夜第一次的 B 超单后，简明扼要地讲了几句话，并且告知，去专科医生那里，可以知道症状背后的缘由和治疗方案。

我可以肯定，她说的几句话其实让我听得似懂非懂，而且，她解答时依旧不苟言笑，但奇怪的是，也许我没觉得她对我有丝毫的不耐烦，也许是她轻声细语的背后传递了一种坚定的力量，至少在那个瞬间，我突然没了忐忑和紧张。

我感觉到，她传递给我的信息是——"虽然你出了问题，我对你的问题也不算懂，但你放心，不用紧张，问题总能解决，你可以马上找到那个能帮你解决问题的人。"

可昨夜，我从前面那个医生那收到的信息却是——"你有没有问题，我不知道，这事跟我无关，我已做完了我的事，其他事，你自己听天由命，自己想办法，找不到人，我也没法。"

虽然道理上没啥错，但是感觉上，温暖和冷酷，天堂和地狱，真是冰火二重天。不禁感慨，哎，这难道真的是同一家医院吗？

关于医患关系，所有问题的核心，最终都与体制有关，需要改革，需要进步，需要举国共襄盛举，需要有识之君提出真知灼见，需要殿堂之士深谙民间疾苦……

在这些还没有到来之前，至少我们可以做到努力相互理解。患者知道医者的不易，全社会谴责并且对那些伤害医护人员的行为同仇敌忾，今天我们不保护医护人员，明天遭殃的就是我们自己。很多疾病，非人类当前的科技所能控制，很多病情的发展，也并非医护人员所能决定；但是，医护人员本身，不能因为现行医疗状况的种种不如人意，不能因为过于忙碌和压力巨大，就找到对病人冷漠的借口和理由。

如果你是医生，当你读到这段，如果觉得我说的这些话，让你不爽，我想向您报告：对病人来讲，医生可以洞察病人的生命，影响病人的心情，决定病人的命运。医生是绝对权威，而病人的情绪则是焦虑和无助，病人就是受苦的人，医生则是病人希望中唯一的偶像。病痛之时，你就是病人的全部稻草，你不经意间的温暖，功德无量。像我这种特别怕死怕疼的性格，是多么需要你的关怀和鼓励啊。

我们这个社会，种种原因交缠导致的不信任和不宽容，犹如毒瘤，相互伤害着医患彼此，拔除毒瘤和修复不信任的伤害，需要相当漫长的岁月。可即便如此，在美好到来之前，还是需要彼此都给一点每个人力所能及的温暖。

# 04
# 抉择

. . .

赌命关头，仁医相助

关键人物，在不经意间会影响你的人生。在特殊事件中的关键人物，会对事件本身的发展起到重要的推进作用和影响，本章聊聊在我下定手术决心前非常重要的三个人。

因为头一天晚上举目无助的悲惨太强烈，没人可以问，问了也白问，我甚至有那么一刻对我们的医疗体制产生应激性绝望。我在想，如果我的两个蛋不幸全被震碎，到了医院，搭理我的人爱理不理，我不知道自己在哪里能解决问题，要耗到第二天早晨才能等到人，而我又不知道自己可以做什么——不知道自己能做什么，很有可能，在动手术的那一刻，已经错过了治疗的最佳时机。但也许再早那么一个小时，我此生还能金枪还魂，而晚那么一个小时，真正面临的是蛋打鸡飞。如果真是这样的话，我会做出怎样的举动？我会崩溃吗？我会发狂吗？我会情绪失控吗？我无法想象，也不敢想象。

有这么三个人，恰好在我无助的那段时间出现。

## / 医者一——温暖医生

我终于见到了一位泌尿外科的专科医生——丁医生，此后，他成为蛋蛋保卫战进展中一个关键人物。很快，两次 B 超的报告被呈交到医院泌尿科的"元老会"进行碰撞。

在听完丁医生对两份报告的耐心解释后，我勉强总结出 B 超最终结果的 32 字——蛋蛋不息，生命不止；左蛋重创，右蛋安详。血流踊跃，曲折蜿蜒；血肿已出，碎裂不详。说白了，就是：左蛋蛋裂啦，肿得很厉害，可能要动刀，但不一定哟。

关于如何治疗，"元老会"迅速形成两派泾渭分明的意见：

1.主战派，是积极疗法，帮主的意见是速战速决。具体操作手法，就是赶紧切开，不要拖延，取出血肿，缝合撕裂口，即可肿退瘀散，防患于未然。但存在的风险是，切开后，可能还是找不到那个裂口，俺要白挨一刀。

2.主和派，是保守疗法，帮主的意见是静观待变。具体操作原则，就是根据 B 超显示，破裂程度暂未明朗，前途变数尚多，不妨静观敌情，待血肿慢慢吸收，敌不动我不动，只要敌军不变，自会慢慢吸收，但如发现敌军火力增强，我军可再行出击。

在丁医生让我抉择动刀不动刀的这个紧要关头，我懵了，是动刀还是不动刀？ Yes or No ？我左右摇摆。

丁医生已给了我极为详尽的阐述和后果说明，可显然，决定的后果当然需要我为自己承担。近年来因为医患纠纷的增多和激烈，医务工作者时常受到些无理或极端的伤害，令人寒心。对医生而言，能够做到的是，提出详细建议和分析，给出解决问题的方案，但没有一个医生会把话说满，因为医疗本身有无数的不确定，所以，解释清楚并且告知有万一的可能，是医生的责任。最终，还是要由病人自己决定。

也许丁医生他自己都不知道，虽然在当时我未能给予明确的回答，到底是动还是不动，可在一楼大厅过道尽头的那个角落里，他和我的那场对话，对我是多么重要，他不知道我的内心对他有多么感激。在这场对话中，我把昨夜开始所有的疑惑全部拿出来，在他身上倾泻了一番。他逐一解答，问一答三，这种回答问题的待遇与前一天晚上没任何人搭理的遭遇天壤之别，好到我鼻子一酸，眼泪被硬生生地挡在眼眶里。

在开刀的选择上，我的一个我，想着乖乖咚的咚，这宝物若是动了一刀，人岂不废了，既然说可以保守治疗，那不妨能拖则拖；但我的另一个我，想着拖延以后，会不会血肿加重，晚一天，就这么一天，万一好蛋变成废蛋，那可就真的完蛋了。最终，和医生反复商榷，确认即便是晚一天，也不会那么快变成臭蛋，那就索性次日清晨，俺再做一次 B 超，依最后的结果而定。

我回到宾馆，忧心忡忡。假若知道是死还是活，可能还没那么累，可最恐怖的，就是等着宣判的那段时间，很多人都是被吓死的。我躺在床上，眼神空洞，惶惶然不知所以，茫茫然不知所终。

按照性格色彩的分析，四种不同性格色彩由于性格差异，在面对抉择时，反应的确不一。

● 绿色性格，天性意见最弱，最好自己不拿主意，希望别人给他拿主意；

● 黄色性格，主见最强，只求目标，只抓重点和大局，细节可以忽略，做决策速度最快；

● 蓝色性格，做任何决策前，都会搜集多方各样大小细节和证据翻来覆去地分析，最终得出审慎的方案；

● 红色性格，想要的东西很多，患得患失，有时需要别人给他做个推动，需要些信心，才知道该选哪个。

以上街买衣服为例：

● 绿色性格，逛街买到衣服很好，买不到也无所谓，至于买哪种衣服，自己也没啥想法，有人愿意帮自己做决定，省掉自己动脑筋，那多好；

● 黄色性格，在上街前，就已经知道自己要买哪种衣服，到了后，直奔主题，绝不费时，买了就走；

● 蓝色性格，翻来覆去思考，总觉得没选到心目中最好的那件，直到得出自己认为最完美的结论，才会出手；

● 红色性格，喜欢的衣服好多啊，这也喜欢，那也喜欢，件件都想要，可钱只有这么多，这时，只要旁人大喝一声，"莫再思量，就这件好"，他也就没那么多纠结，从了。

你现在应该看出来了，我，就是那个红色，在做和不做当中，反复摇摆，其实，脆弱的我一直等待的是外界给我一个推动，给我多些信心和鼓励。

## / 医者二——脐针高人

在我受伤早期，有个人一直陪伴我——南宁的脐针高人梁吉贤医生。我认识他，是在广西出差时治疗颈椎，当时因为长期伏案写作，加之过于疲劳，脖子已经快要断掉，无法直立。他把针烧热，几根火针下去，红针刺进，扑哧一下白烟出来，配合捏个几下，就不痛了。聊天时，才知他的专长是脐针，专扎肚脐眼，吓了一跳，肚脐那，好像中医叫神阙，是针灸的禁针之地，怎么可以扎那呢？他说，脐针专依易经走针，不走后天经气，专走先天经气，听上去像是武林的奇门绝技，勾引得我跃跃欲试。

他第一次扎我前，盯着肚脐眼看了几下，就问我"是不是眼睛很累"，这句话震到了我。因为那时我用眼过度，眼睛一直不舒服，他告诫我不可太累，可惜我置若罔闻。如果当时听了他的话，把眼睛养好，也不会有后来一系列的滑竿蛋碎事件。受伤时录的节目，就是后来去广西治眼治到一半，必须赶回去录像，为了继续治疗，就请他护法身旁，没想到最危险的时候，他帮了大忙。

我受创时，手脚冰冷，全身寒战，小腹的痛楚与蛋蛋本身不分上下，我拿着热水袋想暖暖肚子，他却把掌心放在热水袋捂热，然后将手置于我的小腹处，我估计那时我是疼疯了，只想着赶紧超脱。当他的一双手放在我肚子上时，暖流四窜，我告诉自己，他是中医，他懂针灸，他的手热，他一定练过武，他现在一定在用内力把体内阳气源源不断地输送到我的体内……我这样暗示自己，好像渐渐也没那么痛了。为了缓解疼痛，我和他有一搭没一搭地聊天，请教他受伤当晚在消防队他针扎的是什么位置。他告诉我是八卦的艮位，艮为止，有止血止痛解除痉挛的作用；艮也为山为凸，对应男性生殖器，故可以针对生殖系统疾病。我听得玄幻至极，本想抚掌称妙，手刚动了一下，蛋被扯到，痛得龇牙咧嘴，只得作罢。

梁医生是个典型绿色性格，平稳儒雅，耐心细致，没大声说过一句话，没发过一次火，没生过一次气，很好说话，在陪伴和安慰病人情绪上，是一等一的高手。我问梁医生，我到底是否应该下定决心动手术，他给我做了些技术上的分析，可他也没有给予直接的斩钉截铁的建议。我的理解是：一来，泌尿外科不是他的专业，非本专业的事项他很少发表评论；二来，他这种绿色性格，是极好的支持者，但并非是决断者。

所以，我还是不能做决定，不知道是不是应该做这个手术，已经两次 B 超了，万一第三次 B 超结束还没决定的话，那就完了，不行，今天一定要把这个决定先做好。

## / 医者三——中医泰斗

对当时的我来讲，头等大事就是要决定是否做手术，这事拖拉不得，我要自救，不可能一直拖延不给医院回复，拖得越久，对蛋蛋越不利。我闭目养神，灵光一现，决定找我内心最信任的一位神医。

我小心翼翼地倚靠在床上，头下垫了两个枕头，打电话给旅居美国的神医戴克刚前辈求教。他救过我几位家人的命，他是我的恩人，对我来讲，他在治病上的话比天大。

**赌命关头，仁医相助**

戴前辈是旅居美国的西安人，民国八大名医戴希圣之后，可最吊诡的是，他居然是西安交大毕业，主攻工程力学，一个学工科的人毕业后却悬壶济世。在一次偶然的国际学术研讨会上，他发表了"血液流动的非对称理论"，引发轰动。之后，被邀请去美讲学和做课题研究，在当地又开了中医诊所，在治疗癌症上有奇效。

关于戴医师的神奇，说他扁鹊再世并不为过。有一件当地众人皆知的妙手回春。某专攻绘画的艺术大家，乃哈佛医学院院长的侄女，20多年来，只要画画，就需纸巾数盒，一边画，一边浓涕直下。一个邋遢的老男人如此，尚可称为"鼻涕大师"，可一个美女艺术家，画画的时候老流着浓鼻涕，"鼻涕仙女"的名号，不要也罢。这种痛苦伴随了她20年，真是可怜。哈佛医学院院长以其家族的背景，动用了所有全球先进医疗资源和医学手段，依旧束手无策。戴医师以鼻为肺之窍，首先从肺入手用药，很快好了一半，但未彻底，几天后第二次用药，从腹腔中排出大量血块，三个月后，顽疾痊愈。哈佛医学院院长惊为天人，一直神魂不定，念念有词："你咋知道她的腹腔有血块？你咋知道腹腔血块出来，鼻子就会好？"

我陪爹娘在此诊治时，见一韩国名媛是血癌患者，医院诊断只有数月存活，可以准备后事了。戴医生搭脉后，只问了句，是不是常用补品？女孩说，她家是韩国最牛的高丽参经销商，从小家里就给她吃鲜参，嚼参片、喝参汤，餐餐无参不欢。戴医生第一时间的诊断是人参中毒，判定"血癌"的说法应属误判，让女孩立即停掉高丽参和其他补品，开了化血的中药，一个月后，搞定。

这几年，自家里老小状况不断，几位老人的高血压，心脏病，脑梗，都是戴医师凭汤药调理好。小女灵儿，七个月零两天出生，出生时仅2斤7两，可怜巢里早产儿，无故过敏免疫低。自小过敏性哮喘，每次发作咳嗽不断，喉管像被呛断，用手不停地抓脸，满脸鼻涕，气喘不过来。看着孩子痛苦不堪的样子，我恨不得代她受罪。戴医师几服药后，小女只要不再去过敏源聚集地，基本不再复发。戴师之恩，数不胜数。

以性格而言，戴医师与我性格相同，都是红＋黄，不过他做事主见更强，对自己专业内的事，极为自信和肯定。认识他这些年，从未见他用过模棱两可的语言，即便他现在修炼得功行圆满，说话滴水不漏，圆融温润，然而，关键问题的表态上，从不含糊，有一说一，斩钉截铁。

我给戴医师跨洋电话，简单讲了事情的原委，问他手术要不要做，他只说了四个字"别怕，做吧"，我听到这四个字的瞬间，幸福感爆棚。决定了，去做！他给了我这四个字之后，详细解释了为何这个手术不用害怕，可我其实已经听得没那么仔细了。他说了，我听就好，哪怕蛋割了就割了，反正能用，我决定，第二天一早就去做手术。

# 05
## 等待
.
.
.

**蛋大精多，科学论证**

## / 医院的难处

结束戴医师的电话，我做好了把自己送入手术房的准备。手术前，去做了第三次 B 超。由于时间又过了 24 小时，和昨天相比，有些血流已凝固，之前在流动血液下含糊不清的部分，终于看清了。检查显示，悲催临门，白膜破裂了 1.5 公分！别再废话，必须立即手术。

啥是"白膜"？所谓"白膜"，就是包裹蛋蛋的一层纤维膜，这膜比人体的正常皮肤要硬上 10 倍。网上有可爱的朋友们问我："男人蛋蛋上的白膜和女人阴道内的处女膜哪个更硬？"这个问题真把我问哭了，我觉得我们学校里的生理卫生课简直就是屎，形同虚设。顺便感叹一下，吾国的性教育真是路漫漫其修远兮，愿本书能略尽绵薄之力。

处女膜，纯属女性的礼节性防卫，本身就希望有朝一日破茧重生，以完成女孩到女人的转变；而白膜，属于男性的舍命性防卫，生来就以保护蛋蛋滴水不漏为最高使命，蛋蛋可在白膜包裹的混沌宇宙里自由翱翔，生精化血，世代繁衍。为实现这一使命，白膜必须铜墙铁壁，油盐不浸。医生大人早和我说了，即便手术时医生想弄破它，还得用手术刀反复锯上一会儿才可能拉破。你说，这原子弹和子弹有可比性吗？

天下男人，元气源于蛋，可俺这护蛋的包装，在里面居然被活生生震裂，丁医生拿着 B 超报告，不禁感慨道："乐大侠，你到底经历了何等撞击啊！"

我很懊恼地问他，我现在这种情况到底算"撕裂"还是"碎裂"呢？

　　经他解释，方才明白。"睾丸撕裂"是指蛋蛋的白膜被外力挫伤后，如果蛋蛋在里面还好，缝上白膜后，蛋蛋可正常使用。"睾丸碎裂"是指蛋蛋在里面碎了，严重者，白膜也会碎裂，无法补救，只能切除，或由蛋蛋自己萎缩。而我这次，白膜肯定已经撕裂，至于里面是否碎裂，碎到什么程度，现在无法得知，只能等到下午手术切开时，才会真相大白。

　　好吧，那就等着手术吧。结果被通知，就算你想做手术，现在没有手术室，必须得等手术室排队完毕，空出来才行。

　　因为动手术要等到下午很晚，我问医生，为何咱们这个江湖人人皆知的医院，天下人人皆知的大牌，病人五湖四海慕名而来，手术病房却少得如此可怜！几个医生才可怜巴巴地拼用一间。他无奈地告知，家家都有本难念的经，主要还是医疗资源与患者资源分布的极度不平均惹的祸。从整个医疗制度来看，和国外相比，人家走的是家庭医生制度，而且社区基层医院都很发达，一般问题，大家通常都愿意就近解决，没人舍近求远。但在我们这，人人都迷信大医院，人人内心都觉得天下医院唯三甲靠谱，连看个感冒也要到这里兴师动众。造成的最后结局是，三甲医院超负荷满员，每天挂号像打仗，小医院坐吃等死，吃不饱饭。有时医院里如果要增加一个新的科室，那民主讨论起来，平衡各个科室的关系简直要疯掉。万一你新增加的这个科室的手术，一用手术室就是十几个小时，其他科室就没地方做手术，只能干等着，每次都必须死等到晚上才轮到自己科室开刀。如果天天半夜干活，让人还怎么活。可如果医院到远离市区的地方办个新分院，病人嫌远，又不愿去，觉得来回耗时。所以，病人抱怨医院，医院自己也苦恼，还没地方抱怨呢。

　　而对于在三甲医院工作的医生而言，每天累得猪狗不如，但假若有其他小医院的发展机会，很多人又不愿去。原因就是，在综合性大医院一年所见的病例，比小规模的基层医院多十倍不止，从学习的角度来讲，大医院个人成长速度更快。当然，你不能由我以上的描述得出一个结论：只有大医院才有好医生，小医院就没有好医生，严格意义上，这只是个概率问题。小医院概率相对小，大医院概率相对大，这也和本身绝对的基数有关。当然，你也可能在大医院撞见猪头医生，在小医院遇到牛逼医生。要知道，在中医的体系里，很多神人都是四处游走，少在都市中出现的。

这东西讲下去，像个无底洞，深根究底，医院等级评审制度、基层医师培养体系、医疗保险制度、公立医院和私立医院的关系……每个因素都对最后的结果有影响，且环环相扣，相互作用。天南海北，和医生拉拉杂杂一大堆的聊天中，我也学了不少医院运营的常识。这些东西，自己或自己的亲人不住院，根本不会感受这么强烈，总觉得和自己没太多相干。可实际上，的的确确就在我们身边，而且，说不定什么时候，烦恼就突然落在你身上了。这些交流，让我再次确信，人们看到的表面现象与实际真相，很多时候是有很大出入的。

准备手术前，例行化验了各项指标。由于已经住进医院，看到各种白大褂离自己距离并不远，来回穿梭在走廊，万一自己要死了，死前有人作陪，还算安心。记得多年前看威尔·史密斯的影片《我是传奇》，描述人类被病毒击垮后，主人公成为城市里唯一的幸存者，撒眼望去，大街小巷所有的东西全是你一人的。当时看片，瘆得慌，即便这个世界都是你的，人若没了，有个鸟用？没人分享你的苦与乐，你也无法找到存在感，没法实现价值，功名利禄都是屁。有人在，真好。

我想象了很多种自己死前的画面，有三种死法，心所向往：演讲时，呕心沥血，知命之年战死在讲台，以色传道，死得其所；写作时，殚精竭虑，古稀之年食指单勾老派钢笔，垂头座椅，死得安详；做爱时，精尽人亡，耄耋之年颠龙倒凤，生机勃勃，死得香艳。以上三种死法和死的时间点，无论哪种，我都能接受。最不能接受的，就是慢慢地病死或老死，周围无人陪伴。那样，人生会被无法弥补的挫败感紧紧地包围。而此刻，看到有朋友和医护人员在，蛋碎当晚的彷徨和恐慌，削弱了很多。

## / 主刀者登场

有很多朋友和师长在这次都多方出力和给予重要指导，但本文到此时，在蛋兄修补一事上，最重要的那个刀者还没出现，这人就是——徐可教授。

我第一次见到给蛋兄动刀的这位真身，是在准备手术的当天上午。见他的第一眼，觉得他不像个医生。他穿着有腔调的咖啡色小碎格西服，打着毕恭毕敬的领带，除了没有夸张的礼帽，其他装扮像极了旧上海的老克勒。这个难得的中年老帅哥，在一群白大褂的簇拥中呼啸走来，气质出众。后来他每天前来查房，我发现每次他出现，都会换条领带，他对领带的钟爱，让我好奇。

在我后来多次表示对此问题的关切后，他才告诉我原委。原来，那年他在美国著名的 Mayo Clinic 进修学习，西装领带给他留下深刻印象，虽然那里的医生不穿白大褂，但几乎总是可以立即分辨出来。在那里，他每一刻都能感受到人们对医生的尊重及医生本人内心深处的自豪，这种自豪，随时滋养着他对医生职业的热爱和对专业技术的痴迷。

谈话在医患双方亲切友好的氛围中如火如荼地展开，头一次见面，因他带了一群门生，我只是例行公事地聊了几句，同时，以我蛋兄的名义郑重表达了对他能接手我蛋兄修缮复原这一重大任务的感激。

手术开始前，我短信又问了他一遍我问过很多朋友千百万遍的问题："万一手术不成功，蛋蛋被切掉的话，生育能力和性能力会受到多大影响？"我需要从他嘴里知道最坏结果，如果最坏的结果都能接受了，那就来吧。这件事情，在后来和他的交往中，反复被他提及。他从我和他问答的过程中，发现我对细节有种变态式的刨根问底，也从我在对话过程中的疑虑、担忧和不安，见证到我的脆弱。另外一个证明我内心脆弱的重要证据，就是手术台开刀前，我对他说的那番死不瞑目的告别词。我很惊讶于他这么快就洞察到我的脆弱，我很高兴地向他表示，俺脆弱一点不重要，只要您强大就好。

其实这个问题的答案在我受伤当夜，朋友们都已和我重申多次了，答案我早已烂熟于胸，但我还是要听他说出来，毕竟主刀医生说出来的，对我当下的裆下更直接。我之所以在这个问题上再次问他，是因为几乎所有搞医的朋友都和我说，"少一个，并无所碍"。但我内心是怀疑的，如果真少一个，怎会无碍呢？且以我对生物界规律的了解，似乎并非如此。

## / 黑猩猩与大猩猩

就拿和人类血缘最近的两种灵长类动物黑猩猩和大猩猩相比，你就明白我的困惑了。

黑猩猩的配偶方式是一妻多夫，母黑猩猩会和很多公黑猩猩交配，公黑猩猩广撒种，孩子生出来，是只知娘不知爹。为了生出自己的孩子，公黑猩猩必须有足够多的精液，才能随时满足发情的母黑猩猩，才能让自己的精液多到盖住其他公的，日久天长，就进化出了每次射精量更大的蛋蛋。

大猩猩的配偶方式是一夫多妻，公大猩猩会将自己的女人死死盯牢，母大猩猩想偷情很难。成熟的公大猩猩能够专享繁殖权，不会发生精子战争，性器官大小也不影响基因传承，所以，大猩猩的蛋蛋就更小。

简单来讲，多伴侣的动物，只有大蛋蛋能让自己基因延续的可能性更大；但对固定配偶的生物而言，大蛋蛋没必要，因为它们根本不存在精子竞争。

来对比下它们的蛋蛋——黑猩猩的蛋蛋是其体重的 0.3%，而大猩猩的蛋蛋只有体重的 0.02%。黑猩猩一次可射出 6 亿个精子，而大猩猩一次只射 0.5 亿个精子。显而易见，黑猩猩蛋大精多，完胜大猩猩。

而人类的蛋蛋最大也就 50 克，可黑猩猩随便挑一个出来都是 150 克。虽然人类的蛋蛋中等，但鸡鸡最长；一夫多妻大猩猩的鸡鸡和蛋蛋都小；一妻多夫黑猩猩的鸡鸡中等，但蛋蛋最大。最奥妙的是，人类的蛋蛋大约是体重的 0.06%，一次射 2.5 亿个精子，刚好在黑猩猩和大猩猩之间。

在动物的发情期，频繁交配时，短期内射精次数太多，每次射出的精子量就会少。因此，精子能否快速大量生成，是精子战争成败的关键。如果没有较大的蛋蛋，没有充足的精子供应，很可能就当不上爹了。事实上，人类每次射出的精子量，也会因短期内多次射精而减少。

## / 道家学问

我刚过弱冠之时，年轻力壮，夜战的最高纪录是 6 次，那时真是年少轻狂，意气风发，天天高喊人生得意须尽欢，莫使金樽空对月，还以为我的一生直至终老，都将是这般欢快。可好景不长，过了而立，发现老夫难现当年勇；过了不惑，更是毫不回头势如破竹地走下坡路。每次端起装载无限后代可能的套套，左右观赏，感慨万千，哀叹道"我的儿啊，你又少了"，那一刻，我体内经常会升起一种诡异变态的冲动，把套套里的精子倒在冰箱冷冻的冰块格里，等到冰冻成块了，看着那一块块的冰精，数着自己一个又一个的孩子……这种想法，想倒是常想，却未曾实践，后来不了了之。

想想那时，分明是精满则溢的盛世，摆明了是年少精多，自有一副人不挥霍枉青春的狂妄。我印象最清晰的是，年轻时少不更事，不知节制之美，不知适可而止，不知性爱有道，还为自己的骄纵喝彩。按照印度爱经的基本原理，我这种做法绝对是暴殄天物，人神共愤。印度强调的是通过"止精法"入定，达到神人合一的极乐境界。具体来讲，就是要求选择逆精法，精液不要顺流而下，一泻千里，而要逆流而上，到达头顶。这种"止精法"，一种是精神交媾，不需肉体，靠想象或修炼完成；另一种认为必须有真实的肉体，认为子宫就是般若。光听这些词语的玄幻，我就在想过去这些年，我都白活了，浪费了自己多少蝌蚪。如今，念起过去，只能对自己说说"老子当年也曾经有钱过"，聊以自慰。

这样看来，还是中国道家的学问好。道家文化强调女性的子宫可以想象成是一种"鼎"，卵子有如朱砂，男性的精液好比铅，阴阳交汇，物质融合，也是一种异化的炼丹方法，对于不相信道家功夫的朋友来讲，总觉得这种说法玄乎其玄，嗤之以鼻。但即便你不图长生不老或得道成仙，学会控制射精、如何射精、什么时候射精、多少天射一次精这些基本常识，对你的性爱也是有益无弊的，对吧？可惜那时，我年少无知，常常倾囊而出，一而战，再而衰，三而竭，恣意消耗，过早透支，人近中年空悲切啊。

所以，为了得到高质量的精液，男人捐精时会被要求至少间隔一周。我在做精子保存前，被要求的最重要一条法则，就是一周不可行房。

如果正在阅读本书的你，觉得黑猩猩和大猩猩的例子好像和自己没啥相关，那就说件和你息息相关的事吧。其实，我想说的是，关于"蛋大精多性欲高"这事，貌似是有非常严肃的科学背景的。

2015年8月，英国布里斯托动物学协会与牛津布鲁克斯大学、德国灵长类动物研究中心共同研究发现，在灵长类中，就体重与蛋蛋的比例而言，体重仅300克的北方巨鼠狐猴，有着比例最大的蛋蛋。以一名体重80公斤的男子为例，如果该男子是以巨鼠狐猴的蛋蛋大小为比例尺，那么他的蛋蛋就会是葡萄柚般大小。科学家们进一步解释，巨鼠狐猴的性欲无比强烈，一整年都在四处寻找雌性鼠狐猴，疯狂与之做爱交配，可能因为这个原因，造就了它们拥有如此惊人的"巨蛋"。

英国《大众心理》上曾经刊登的一项研究也指出，在接受调查的男性当中，最大的一对睾丸体积达52立方厘米，最小的则只有24立方厘米，相差悬殊。原因在于，蛋蛋大的人雄激素分泌旺盛，性需求更强烈。

## / 了不起的代偿机制

"蛋大精多性欲高"，这句话到底有多准，我个人表示怀疑，并不确定。我至少认识两个朋友，年岁相仿，他们都是性欲极强的主儿。二十年如一日，可以一月无肉，不可半日无性，我觉得这两个家伙来到人世最大的意义就是体验阴阳交融的快乐。可我在温泉里多次和他们的蛋蛋打过照面，都是其貌不扬，毫无特别之处，还没有我的蛋兄体魄健硕。所以，如果科学家说，蛋大者精多，我还能相信；但如果说，蛋大者性欲高，我实在不敢苟同。

当然，你可以怀疑我举的例子只是个案，不代表普世规律，你觉得蛋大真是好，就是好来就是好。好吧，你愿意这么想，就这么想吧，反正我的已经够用了，太大，我也无福消受。

现在，我最关心的，还是要回到开始的那个问题：对于男性的生殖健康来讲，本来就不大的蛋，现在万一又少了一个，以后会有麻烦吗？

注意喔，重点来了，本文说了那么多，重点就在下面。

徐教授和我谈话的过程略去不表，只说最终的结论，他还是那句话——万一蛋被打开后，手术不成功，切掉，最后只剩下一个蛋，不仅能用，而且不影响生育，不影响性，这主要是"机体代偿"的功劳。

所谓"机体代偿"，就是某些器官受损后，机体会调动未受损部分来替代或补偿，使体内建立新的平衡和过程。简单点，就是说：人体的潜能无限，每个人体器官都有一定的战略储备，平时因为用不到，有一部分就在那静止或低耗，但一旦发生敌情，那些原本冬眠或蛰伏的战略储备，就会立即发威，以补偿消失或不足的功能。

比如，蛋蛋的主要作用就是产生精子和雄性激素，两个蛋蛋每天可产生大约 1.5 亿个精子，传宗接代的子弹就是这群精子。现在，假设两个蛋蛋少了一个，简单计算，精子的数量会减半，制造子弹的全部压力，将由原来两个工厂供应转为一个工厂独家供应。但实际上，每个蛋蛋原来每次只能生产 1 亿个精子，共 2 亿个，现在有一个没用了，那么另一个的生产能力就开始增加，尽可能补充那个工厂的停产损失。即便不能完全代替，再多制造出 1 亿个精子，但至少多生产 0.5 亿个是不成问题的。

归纳一下，最终结论是：一个蛋坏了，医院里来修。医生可以做到的是，就算那个蛋修不好，死了，剩下的一个也肯定够用，足可保障未来的基本所需。虽然 GDP 会比原来总数少一些，但也少不到哪儿去。男人想当爹，不差这点精。性欲更不会受影响，好了后，试了便知，但要想伤后的能力还超越伤前，那也别想了，至少在西医里，是没这门学问的。

# 06
# 询问

**毛发存否，人各有志**

动手术前，我一本正经地问丁医生："等下手术，是否需要把阴毛全剃光？"

丁医生一愣，眼神中有一丝迷惑，还没等他开口，我就赶紧主动告诉他："嘿嘿，你看，我毒火不仅攻心，还攻阴，有个毒痘痘在丛林深处藏了两天，脓包还未熟透，本想它自己会瘪掉，可现在手术来了，如果不刮掉，术后可能会被感染。假设你需要全部刮净的话，等下刮的时候绕过这就好，否则我怕血流出来影响你情绪。"

丁医生不动声色，似笑非笑地说："我的情绪不会影响，关键是你自己的情绪。"

我嘻嘻哈哈地禀告他："等下我麻醉死过去后，啥情绪都没了，你的情绪却会左右我的命运，靠你了。"

他笑着说："这回咱们干的活，刀口在底，而毛发在上，上方无战事，稍事修剪即可。但你若是喜欢，可以帮你全部剃掉。"

我说："随便，怎样对治疗更好，就怎么来。"

不过，内心里，我还是有点保守的。一个男人的毛发，全部刮掉，毫无掩藏，一片荒芜，没有了潜伏在雨林的神秘，感觉上总有点怪怪的。如果神器大于常人，也许根本不需介意，无有遮蔽，更显光明饱满，这种实力的展示，就算孤芳自赏，也会窃喜不已。可如果本身盘子不大，体量不够，原本在丛林深处，尚可犹抱琵琶半遮面，现在，自砍遮蔽，必然形单影只，那岂非自取其辱，没啥意思。

后来，我在著名男性减压杂志 *Men's Health* 上看过一个两性共同参与的普及调查："请问，你在性爱时，希望你的伴侣刮掉阴毛吗？为什么？"结论泾渭分明，好恶立显。

## / 女性看男性

一组女性回答，男人去掉毛发好极了，原因有三。

第一，干净。阴毛易滋生细菌和异味，经常剃整，可保持健康且干净无味；

第二，更吸引女性。调查显示，女性和这样操作过的男人会更投入，观感清澈；

第三，宝贝显大。这是对男性心理有益的积极暗示。

另一组女性回答，男人去掉毛发糟透了，原因有二。

第一，没有毛发，剩下的茬茬又硬又扎，肌肤相亲时，犹如钢针，难受得要命；

第二，毛发是性感的象征，无毛发，则无男性的阳刚，心理上不能接受。

这个回答，让我马上联想到光头会不会看上去缺失阳刚。据我所知，几个好莱坞肌肉男明星都是"光头就是力量"的代表，诸如巨石强森，杰森·斯坦森，范迪·塞尔，都是光头。倒是《圣经》指出过"毛发就是力量"。公元前 12 世纪，参孙在耶和华处获得了超人的力量。18 岁时，他遭到了一个非利士女人的背叛，愤怒的参孙在非利士人村里放了一把火。仇恨参孙的非利士人得知参孙神力来自于头发后，便让参孙的情人达利拉设法把他的头发剪掉，结果，失去神力的参孙，被敌人挖去双眼，变成瞎子。看来如果想要积蓄力量，还是该管理好自己的毛发。

不管怎样，任何选择，世上有人喜欢，就有人不喜欢，每个人的口味不同，不必强求一致，找到你自己合适的和喜欢的就好。

以上是女性对男性的毛发感受，那么，反之，男性对女性呢？

## / 男性看女性

对于没有体毛的女性，男性也是两种态度：厌恶至极和喜爱至极。

厌恶的男性，原因可能是：

第一，坚守"白虎克夫"，根深蒂固的封建思想让其断然不能接受。

在《笑林广记》里，就有一则笑话：贫妇裸体而卧，窃贼偷入其家，绝无一物可取。因思贼不走空，见其阴户多毛，遂剃之而去。妇醒大骇，告其夫。夫大叫："世情这等恶薄，家中毛尚且剃去，以后连胡子在街上也走不得了！"

第二，缺少了爱欲的神秘，令探索欲减少。

第三，风格保守，尊崇自然。本身就对女性胴体充满好奇与幻想，想窥见"芳草萋萋鹦鹉洲"的庐山真面目，所以，母体原生态会更有安全感，认为韩翃《同题仙游观》中的"疏松影落空坛静，细草春香小洞幽"是对女体最含蓄的描述，而杜甫《客至》中的"花径未曾缘客扫，蓬门今始为君开"则是对性爱最美的暗示。

喜爱的男性，原因主要是：

更能激起性欲。而且喜欢不喜欢，这种闺房之乐由当事人双方说了算，其他人无权指点，一切追逐美的行为，只要不伤害自己，不伤害他人，都该被理解和接纳。就像性爱的姿势，乃上天成人之美所创造，实际上，性学专家公认，性爱时拒绝变化，只用一种单一形式完成，只能满足繁衍需求，无法体验性的美好。性爱该是一种智慧的充满想象力的过程，这个过程，只要当事人彼此喜欢就好。

## / 剃阴之道

以上是男性的不同看法，而从女性而言，她们剃阴的原因不一。

有些女子，觉得剃毛是审美观，可散发洛丽塔的魅力。这就像男人剪发，会给自己留锅盖头或朋克头，是人体不同部位的造型而已。她们剃阴，纯粹出于自身对人体美的认知，是种对生活和对性爱的态度，觉得能更加轻松、自然和解放。这种观点，尤其在白人中普遍，是西方文化中的一部分，盖因白人天生多毛，自小接受的教育就是毛发会被视为粗鲁和不文明，她们也不喜欢自己身上有毛，故体毛腋毛阴毛，凡有毛处，尽量去除，避免让自己遭遇尴尬和羞愧。

有些女子，是因穿比基尼时，性感泳衣能覆盖面积有限，不少细碎冗长的阴毛伸到衣外，逐一塞回去不仅麻烦，而且不雅，为了美观，一定要剃。对于习惯去沙滩日光浴的西方人而言，尤其如此。

有些女子，认为阴毛导致细菌，除掉更有益于健康。西方女子浴室里都备有剃须刀，浴后都要刮阴。刮后，外阴干净凉爽，大大减少了生殖道感染的机会。就如同世界上的很多地方，男孩从小就要割包皮，是卫生健康的选择。

东方女性自古少有剃阴习惯，如果阴毛浓密，穿着封闭，易导致阴部潮湿闷热，导致生殖道感染。在国际妇产学会报告中指出，西方女性患生殖道感染和外阴炎症者少有，而东方女性患病率在几个主要国家可高达40%。两个可能的主因是：首先，性爱时，西方男性必戴安全套，而在中国，这并非性生活的必然要件，故此，相对来讲，西方女性感染或交叉感染的概率低；其次，她们从小有刮阴的习惯，阴部干净，又喜欢常晒太阳。

对那些打算一次性秋风扫落叶的朋友，有人会采用类似冰点啊，激光啊这样的手术，全部去掉。但因疗程周期长，至少要去上有间隔的 6 次，有些麻烦，还要忍受些许的疼痛和一定的费用，所以，更多人都是选择实惠方便的脱毛膏自己动手。

对那些从来没有剃阴，仅仅只是打算改变一下生活方式，害怕全部去掉会后悔的女性，尝试剃阴时，切记千万别用剃刀和沐浴露，会适得其反，不仅无法干净光洁，还会扎得自己很难受。在文学作品中，我见过被屡次提及的一个方式是用巴西热蜡，速度快，效果好，而且专业的美体除毛师，还可根据客户需求把前后剃干净，只留一小撮在身，随风摇曳，作为你已经是大人的证明。

在一部虐恋文学的经典之作——法国小说《O 的故事》中，这个方法得到了证实，这部小说比夺取全球观众眼球的《五十度灰》的出道要早得多。小说里的情人是这样告诉 O 姑娘的："一定要戴上猫头鹰面具……面具使她看上去就像一尊埃及雕像，宽宽的肩膀，窄窄的臀部，修长的腿部，更增强了这种相似，也要求她的皮肤必须光滑无暇……"你看，艺术家真的还是很了不起的，总能寻找到艺术的灵感。

后来与一个朋友聊天，再次得到证实。听一个从日本回来的朋友宫本二郎说，他哥哥大郎曾做过岛国男优，无意中提到，大郎讨厌和那些用剃刀除毛的女优合作，因为赶着上工，有些来不及的女优就在片场着急硬刮，不仅刮不净，还有星星点点的毛刺密布。在演戏开拍时，他根本无法投入，稍不小心，就被扎到脸，更要命的是，犹如光屁股穿了条毛裤，要多难受就有多难受。我得知宫本还有这样一位兄长，偷问他，是否可等其兄朝拜我东土大唐时引荐，有若干学术问题讨教一二，宫本不怀好意地笑了笑，对我说："嘿嘿，每个男人都是跟我这么说的。"搞得我好尴尬。

我敛起笑容，认真跟他说："我是认真的。我觉得你刚才告诉我的知识挺有用的，你看，你说到你哥的蛋蛋被毛裤扎疼的时候，我的蛋蛋一紧张，自己就跳了下，至少这让我深深地知道，蛋蛋的皮肤是很细腻娇嫩的。你看，作为男人，这么重要的男性健康信息以前都不知道，真的很对不起我的蛋蛋。我代表蛋兄谢你。"

我决定借这次手术的机会，光明正大，请丁医生用巴西热蜡帮我做一次人生的突破和尝试，丁医生对这个词极其迷茫，我咽下自己要说的话，对他说："就当我啥都没说过吧。"

# 07
# 独白
. . .

**蛋兄教诲，洒泪病床**

## / 保蛋还是割蛋？

保不保？

被端上手术台前，我被问到的最后一个问题是："万一割开后，蛋蛋破损严重，是保还是割？"

好一个晴天霹雳！！！

虽然这个问题我想过多次，但当它真的来到时，瞬间还是手脚冰凉。我瞪大眼睛，惊诧得想大点声说话，刚出声音，下腹被蛋蛋牵扯的那几根筋就痛彻心扉，感觉有人在不停地向下揪着我的蛋，可怜自己的命根和命运在别人手中牢牢握着呐。手术还没开始，居然就已经有人要问我后事该如何处理了。

我望着医生，大惑不解，有点激动："不是说没那么严重的吗？不是说蛋破了可以补好的吗？为什么现在居然要问我保不保？"

医生说得有理有据："动刀开始后，才能深入探查，要看蛋蛋结构是否清晰完整、血供情况好不好、受伤时间长短。如果血管碎裂不严重、结构尚清晰完整、受伤时间不长，就可修补；可是，如果坏得太狠，就没有修补的必要了，应该切除受伤的蛋蛋。也有人不愿切除已经没有保存价值的蛋，宁愿放着，让它慢慢痊愈，渐渐萎缩，但实际上，受伤的那个坏掉的蛋蛋很有可能产生免疫反应，破坏另一侧的好蛋，最终可能导致你两侧的蛋蛋萎缩，都失去功能。手术是有各种可能性的，当你处于麻醉状态时，你必须授权医生在手术台上可以做决定，你只有充分信任，才能保证手术的最佳效果。"

蛋兄教诲，洒泪病床

我再次陷入了胶着状态："保还是割？"一种恐慌感油然而生——一种担心自己做错决定后要承担难以想象的后果的恐慌感。但这次显然没有像 B 超后可以给我思考的时间，我必须马上做出决定。

运用我学过的那么一点可怜的商业的 SWOT 分析，我大脑开始高速运转，迅速分析这个决定的利弊，在分析各种可能的情况后，最终左右互搏，两方开打起来。

保方的声音是：不管多糟，也得保下来。没这个蛋蛋，你乐嘉根本就是个不完整的男人。在古罗马时代，人们出庭作证时，男人的仪态是将右手放在自己的蛋蛋上，那是因为人们认为拥有蛋蛋这件事，象征着一个男人的完整，这也就是为何那时女性和太监根本没有作证权利的原因。

割方的声音是：情况实在不好的话，就割。反正，即便只有一个蛋蛋，也能用，性也不影响，生育也不影响，那怕啥嘞？除了少一个后，样子看上去有点怪，其他貌似也没啥不好。如果万一把这个不好的蛋给硬留下来，将来越来越糟，还要再割一刀，何苦呢？更恐怖的是，万一害得隔壁那个原本好的蛋蛋也变得不好了，那就真的全完蛋了。

左右互搏，保割大战，此消彼长，各执一词，我心里一团乱麻，无法抉择。其实我心里清楚得很，最坏的结果只有一个——从此以后，只有一个蛋蛋。毕竟不是鸡鸡坏了，毕竟和那些只有一只手一只脚的朋友们比起来，我这有啥好矫情的，可我还是狠不下心做这个决定。

医院时间逼得太紧，我打了电话给段涛。段涛是上海一妇婴院院长，妇产领域国际上权威中的权威。在出事当天的半夜，我在医院外面叫天天不应，叫地地不灵，在那绝望的一刻，曾经骚扰过几个朋友，求救该如何处理，段涛就是其中之一。

段兄在做事上有非常蓝色的性格特点，让人叹为观止。其做事之严谨，说话之滴水不漏，世间少有。和他对话，你感觉不到他有啥热情和温暖，那是因为他所有的深情几乎都安放在内心最底部，不轻易拿出来示人。我和他相识这么多年，哪怕到如今，每次对话都略有紧张感，很难完全松弛。他具备一种神奇的功能，再搞笑的事情都能被他最终探讨出严肃宏大的哲学命题。可正因为他这样的性格，他说的每件事，无论大小，每个承诺，都兑现到位。即便声音小若蚊呐，你听起来的感受还是掷地有声。段兄听完，给的回答是："还是先保吧，切了就没机会了，不切，说不定以后还有机会。"

好了，我心下石头落了地，就等他这句话。好奇怪，为何"留得青山在，不怕没柴烧"这个道理我早就明白，可他说出来的话，就是那么的悦耳动听呢？他说出来，我就觉得是真理；我自己想的时候，怎么想不通呢？这再次应验了性格色彩学中专门针对我这种红色性格的一条理论——红色性格有时想得太多，反而心乱，这时需要外力一锤定音，帮助镇邪除魔。

我迅速报告医生："大夫，大夫，恳请您刀下留情，俺的蛋只要刀子切进去以后，不管好蛋坏蛋，俺都要留，先留着再说。"其实，我心里还留着最后一条后路，从未示人。那就是，万一天不遂人愿，手术尽力后，依旧蛋况不理想，那个保留下来的坏的蛋如果随时有恶化可能，我就去找我的道家师父王力平。当初在罗马尼亚跟师父的一群痴迷道家文化的欧洲弟子闭关同修的时间太短，我想跟着老师苦修几年，炼精化气，炼气化神，炼神还虚，炼虚合蛋，然后再重返人间。看见这句，不相信也毫不了解道家功法的你，也许会以为我是在玩笑，我只能说，这个故事就更长了，等着以后专门写下来说给你听吧。

## / 与自己的蛋蛋对话

进入手术室前的最后一刻，在病床上，我盯着自己肿胀变形的蛋蛋，有话想对他说，可却不知怎么开口。

蛋兄教诲，洒泪病床

　　20 世纪最有代表性的超现实主义画家达利在他的画作《伟大的自慰者》里，创作了一幅女主人公的画面。达利曾这样为画作写道："人体结构中最吸引我的是睾丸，当我凝视它们的时候，我似乎飞到了天外。我的老师普乔斯说它们是贮藏生命的容器，因此，它们展示给我的是一个无形的不可触摸的然而又是十分具体的天堂。"当达利十分精确地描绘出睾丸时，他是要"发明一种新的美丽的方法来满足人类最基本的需要，正如现代科学所表现的生命的三个绝对：性动力、使生命走向死亡的动力和对时空的恐惧。性的动力比死亡的动力更为重要，它是让生命升华的艺术"。

　　这话说得好高级，我看了很多遍，注视着自己此刻手术前饱满到爆的蛋蛋，与那种像空袋子一样垂悬着的蛋蛋形成剧烈的反差，他是我的生命之源，他是我的生命之本，他是我生命一切的动力。

　　我想跟我的蛋兄唠唠嗑，说点心里话，但是我不知道他是否能原谅我。

　　我对他说："蛋兄，兄弟我对不住你啊。这些天，你护法受伤，肝肠寸断，分崩离析，不能双修阴阳，你受委屈了。现在，我有个不情之请，有医者需在你身上动刀一道，稍事修缮，即可活血化瘀，将来你依旧会生龙活虎，不知蛋兄意下如何？"

　　蛋兄动也不动，完全不搭理我。

　　我继续对他说："我已经和医生报告了这次手术我最重要的诉求，就是一定要保住蛋兄你，绝不让蛋兄在今天离开生他养他的这片土壤。蛋兄，我有一口饭吃，绝不会让你饿着的；我有一天好日子过，也会带着你共进退。我不会只让右蛋他独享阴阳双修之乐。医生刚才已经说好了，一定会让你留下来的，就算你身体不好，以后慢慢变小了，我都会留下你，养你一辈子，不让你一个人孤独地离开，我们死也要死在一起。"

　　说完这些，我轻轻地抚摸着他，划过他的每一寸肌肤，手指虽不纤细，蛋兄依旧还是那样臃肿，他似乎不愿理我，静静地扭过头，我知道，他嫌弃自己现在这个样子，他觉得自己好丑。

　　过了良久，我侧了下身子，蛋兄跟着动了一动，他终于有话愿意对我说了。

　　"我的主人啊，你觉得你好好爱过我吗？你有没有从心底珍惜过我的存在？你是否真的意识到我对你的价值？"

　　我不知怎么解释，只能沉默不语。

　　"我的主人啊，我知道你现在心里也不好受，可是我们可不可以长点记性呢？为什么一定要等到出大事的时候，才去后悔呢？为什么你不可以防患于未然呢？你已经40岁了啊，你再也不是当年那个20岁的小伙子了。

　　"我的主人啊，如果这次眼睛兄弟不受伤，你也不会看不清；如果半月板兄弟没有问题，你第一次滑下来也不会有冲击痛，第二次你也就不会双腿不松开。主人啊，你就想想看，他们又是怎么受伤的呢？你给他们足够的休息了吗？你对他们平时算好吗？

　　"我的主人啊，你肝火太旺，体内的火气让你的免疫系统失调，你应该和缓下来，不要太急着做很多事情。你每次写书的时候，一坐就是几天，纹丝不动，你知道不知道，别说胃兄饥一顿饱一顿，颈椎兄跟着你变形走样，不仅他们一起受难，连带我们兄弟也得不到丝毫放松，这样真的很辛苦。你不能总是等到要用的时候，才对他特别好，那时已经来不及了啊。

　　"我的主人啊，如果你能不给自己太大的压力和过多的期待，你就不会活得那么累，我们这些做兄弟的，也不会跟着你这么累了，难道你不可以把自己想要做的事情的周期给延长吗？为什么要只争朝夕呢？为什么一定要和别人比呢？生命是有他自己的宽度和长度的，你找到自己最快乐的方式就好了，为何要让别人的生活方式去影响你自己的生活呢，为何要让别人的高兴与否来驱动你自己的高兴呢？

"我的主人啊，你要做自己的主人啊，这样我们跟着你，才能有肉吃，有好日子过啊。你今天和我说的这些，只是动刀当前的问题，即便我今天阵亡不在了，右蛋还会陪伴你一直终老。如果我的牺牲换来的是你对未来生命的全新思索，能够让你颠覆过去所有不健康的方式和心态，能够让你有所成长，即便我永远不在了，也是值得的。我的主人啊，你真的听懂了吗？"

听着这些，蛋兄越说，我双眼越模糊，听到最后他问我"懂了吗"的时候，我咬着牙告诉他："我不要你离开我，我不许你离开我，我会越来越好的，我听你的，我会改，你别走，好吗？"

# 08
# 麻醉

. . .

## 情迷护士，百惧可消

## / 麻醉过程

我喜欢被麻醉，想起麻醉了以后，再大的痛苦发生，自己啥也不知道，就没那么痛了。这有种逃避现实的快感，可"逃避"这个词，实在不够威武有型，传出去也不够正能量，让我有点沮丧。

想想关羽，也许刮骨疗毒是他不得已为之。按照史实，给关公疗毒的并非华佗，彼时，华佗早在关羽刮骨的 12 年前，就被曹操杀了。但华佗死的时候，已经发明出了古代最著名的全身麻醉剂——麻沸散，可酒服麻沸散，醉无所觉，为何有麻醉却不用？是因为麻醉后就不能下棋了，为了边下棋边疗伤，大秀气质？为了给部队的兄弟们打士气？还是因为曹操在这事上坑害了后代，麻沸散随着华佗的逝去而终告失传？

即便关羽在军事上轻敌，导致最后败走麦城；即便在政治上不成熟，用"虎女怎嫁犬子"成功地变友为敌，也依旧遮挡不了他刮骨疗毒的光芒。我想起关羽，心态复杂，一方面，景仰关公忠义勇猛；另一方面，以小人之心度君子之腹，如果历史轮回，关公的蛋蛋受伤，他有本事不打麻沸散就在蛋蛋上直接动刀吗？应该不能吧。这样想想，心里舒服多了。

麻醉的发明，真是伟大。

1846 年，作为麻醉技术最重要的推广者和传播者，Morton 医生在美国马萨诸塞州总院进行全麻公开演示，他用乙醚吸入给病人全麻，病人失去知觉后，另外一名医生切除了病人脖上的一个肿瘤，前后 8 分钟。这一演示立即传遍世界，标志着现代麻醉开始普世。在 Morton

的墓志铭上写着这样的话："在他以前，手术是种酷刑；从他以后，科学战胜了疼痛。"而美国国家医生节，则定在 3 月 30 日，这是为了纪念第一位实施乙醚麻醉的乡村医生 Long。在 1842 年，他做了全球第一例乙醚麻醉，美国为此发行纪念邮票，但因他功劳实在太大，1993年，老布什签署总统令，把这一天作为节日。

在这以前，天下所有的人包括皇帝，都享受不到麻醉，如果要做个很痛的手术，要么用棒子打昏，要么就手术台上直接灌醉。外科手术的技术很早就已经成熟，但可惜都是在无麻醉的情况下动手术。

在送上手术台之前，我早就被问了是要做全麻还是半麻，我干脆得不得了，当然全麻。想想半麻，疼痛是没了，但你要清醒地看着所有的武器一起在你的蛋蛋上轮番上阵，你要亲眼目睹自己的蛋蛋被人修理的过程，还要视若无睹地当作看大型马戏一样欣赏，这种心理素质，我觉得自己还不具备。好在尚无呼吸方面的疾病史，我的全麻被允许了。

被送上麻醉床的第一时间，麻醉主任王英伟过来友好地打了个招呼。我早就听我所有动过手术的朋友讲过，麻醉医生不可得罪，麻不好的话，你会死在手术台上。麻得太浅，刀在身上割了一半，突然你醒过来，看着自己的蛋蛋被人切开，鲜血淋漓，像乒乓球一样被捏来捏去，那可怎么办？麻得太深，刀动完都几天了，你还熟睡不醒怎么办？王医生看上去五大三粗，像黑白两道通吃的高手，孔武有力，我没话找了句话，满脸正气地说了出来："你怎么气质这么好呀？"

他也不客气："还行，部队待过，做了十多年的军医，现在转业到地方。"

我表达了对能见到他这样粗犷外形的医生的赞叹，同时再次表达了我被他的安慰深深温暖的感觉，那一刻，恐惧少了很多。可看到手术床上有那么多的手术灯，巨无霸的高低灯柱此起彼伏，各个都像星球大战的道具，还是不寒而栗。

我问他："等下您麻完我以后，还管我吗？还是就先走了？"

他说："手术医生治病，麻醉医生保命。"

我还想听他解释下去，他就走出房间去张罗其他的了。

## / 调情小护士

我扫了一眼手术室，据说房间内按照规则，应该会有两个麻醉医生，负责麻醉和监护生命体征；两个护士，一个台上一个台下，随时递送各种手术中需要用到的刀枪剑戟；两个动刀的手术医生。其中单单用于缝补蛋蛋的线就有几种，看得我眼花缭乱。而此刻，房间里只有小护士在，心情紧张，我实在太害怕了，就开始试着勾搭那个眉清目秀的小护士。

小护士架了副无镜片黑框眼镜，三撮刘海不经意地搭在额前，几颗雀斑像爱尔兰女孩那么纯正。我趁另外一个护士走到房间一个角落去取东西的空隙，赶紧压低声音，装作无力呻吟的病态，悄悄问小雀斑："刚才那个王医生讲的我没听懂，什么叫麻醉医生保命？"

小护士答我问题的语句，像从知乎上找来的："手术医生和麻醉医生相互配合，保障手术和病人术中的生命安全，当手术期间造成全身影响时，就需要麻醉医师抢救治疗，在急救复苏方面，那是麻醉医生的专业强项。"

我惊诧道："还要急救？就做个蛋蛋手术，急救什么？"

小护士不屑地说："什么手术都需要急救，你怎么知道不会出现情况呢？麻醉后，什么情况都有可能发生。你被麻醉后，只有心电图和血压的数据在动，其他都没了。数据不正常，就会有危险，只有麻醉医生盯着你的生命数据，保你能活着到结束。万一引起全身其他反应，不及时解决，你就完啦。"

我大惑不解："这事不是应该主刀医生解决吗，怎么和麻醉医生有关，麻醉不是让人醉掉就行了吗？"

她语气比前面略微有些加速，继续用清脆的语音讲道："麻醉医生是幕后英雄，人们很少知道麻醉师的作用。除了使病人无痛外，麻醉医生最大的职责，就是负责手术时病人的生命维持，因为那时手术医生正帮你动手术，没空管其他的。"

我发现自己原来对麻醉医生的作用大大低估了，照这个小护士的讲法，手术医生是局部解决问题，麻醉医生则是全局监控问题，好像在手术里面更重要。过去从没这样想过问题，我觉得人们普遍都会想的是：离开手术台，麻醉医生可不用打交道，但手术医生要抓着自己的病还很久呢。总之，在手术台上，麻醉医生可是得罪不得。

我换了副笑容，立即转换了一个话题，对小雀斑鬼鬼祟祟地说："你怎么这么好看呀？你在这里多久了？为什么你要把我绑起来？你可不可以把我另外一个手也绑起来？等会儿你用什么麻醉我？……"我觉得和小护士说说话，调调情，也比我傻看着他们忙来忙去的要轻松一点。

你可能会想，乐先生怎么这么庸俗啊。你看，你就不懂了吧，能遇见会调情的护士是你的福气。你知道不知道，在医生这个行业里，尤其是泌尿科，重大手术台上很多杰出且经验丰富的老医生，都是说荤段子的顶级高手，盖因手术台上神经都是高度紧张，不适当放松一下彼此的紧张情绪，工作会干出问题的。所以，有经验的护士，面对术前紧张病人，也会适当调侃，目的只有一个，就是帮助放松紧张情绪。我觉得这很好，在电视台录节目的时候，也常常会这样。有时现场气氛非常僵硬，为了调侃气氛，主持人在现场就会说一些大家心知肚明的荤段子，嘻嘻哈哈之余，所有人的拘谨都被打开，呈现一片其乐融融的景象，接下来再录节目就会顺畅自然很多。无论是哪里，没人喜欢天天一本正经地绷着神经而工作。正所谓"大俗就是大雅"。

我问的最后一个问题是："你这个麻醉开始以后，大概多长时间以后我就可以被你麻掉？千万别太长，因为我怕痛。"

小护士镇定地看着我，不露声色地说："5秒钟。"

我哈哈大笑，当然，绑在手术台上的时候，其实是很难大笑出声的，所以，严格意义上，我只是在那儿故意把笑声肆意地放大，以显示我内心其实没那么恐惧。

"你骗人吧，怎么可能5秒钟啊，你当你是神仙啊。"

小护士瞪着清秀的小眼睛，眼观六路耳听八方，一边麻利地做着各项准备，一边头也不抬地说："不信拉倒。"

我心里不以为然，嘴上说的却是："好吧，神仙姐姐。"

话出口时，觉得浑身肉麻，但想到此时此刻再不讨好小护士，更待何时，这样做也没啥不对。拼命想没话找话，几个主刀医生还没出现，我就对小护士说："他们怎么还不来啊，我想交代最后一句遗言。"

话音刚落，徐教授戴个大口罩进来，说："我来了。"我记得当时的我死死握着他的手，和他说了些什么已经不记得了，只记得好像说了句"我就交给你了"。他只说了两个字"放心"，没半句啰唆，扭头就想走。我死死拉着不放，又捏了他一下，他笑着捏回我，拍了拍，走了。

我突然发现，为何这些我特别信任的医生，在关键时刻，话都是那么精炼，几个字，几句话，有点古龙武侠的风格——"刀来了，唰，头落"，纯粹的意象派，全靠想象，但感觉上都很靠谱。就在那一刻，我突然悟到爱情中男女相处至高无上的心法。那就是，下回当女人和你撒娇，叽咕叽咕一大堆废话，不停地问你诸如"爱不爱她""要不要她""管不管她""理不理她"的时候，无论她怎么撒，你就盯着她的双眼，只答"爱""要""管""理"，用一字诀对待即可。如果还再闹下去，就说一个字"乖"，保准奏效。

此法的关键是，说话时，必须饱含深情却不露情绪，让她体会到你的沉稳与真挚。想到这点，我居然从看病与爱恋这两个完全无关的事情中提炼出这样的规律，我自己都得意扬扬到不行。

小护士看到我和徐教授互相捏掌这一幕，嘴角流出一丝不易察觉的微笑，那种微笑像是觉得我太小儿科。她走过来，把麻醉呼吸机放到我的嘴边，我眨了眨眼，笑着对她说："你说的 5 秒钟，别吹牛喔。"她还是那副平静的模样，悠悠地说："你来吧。"

我拿出死不瞑目的劲头，努力看着这娑婆世界，把眼睛睁到最大，心里默念"1，2，3，4，5……"我看着她笑了一下，说了一句"到 5啦"，正在得意，还没等到"6"出来，已经不省人事了……

……

## / 醉后复苏

等我眼睛再次睁开的时候，是被刚才那个小护士硬生生拍醒的。

"乐嘉，起来啦，嗨。"

我还以为她会拍拍我的脸蛋，可人家只是拍了拍我的胳膊。

"嗨，乐嘉，你妈喊你回家吃饭啦。"

我怎么记得我刚才才数到"6"啊，怎么手术就做好了吗？这么快就已经全都做完了？

"结束了？"我懵懵懂懂地问。"好了，可以走了。"我才反应过来，手术已经结束了。

我本想开口问："手术怎样？"还没等我开口，她就主动过来说："手术很成功。"

麻药的药力还在，很难有啥表情，我问她："蛋蛋保住了吗？"

她"嗯"了一声，看了我一眼，平静地说："人蛋平安。"

那个瞬间，时光停顿，在我看来，她就是圣母玛利亚，我突然涌起一股找个护士做老婆的强烈欲念。泪水并没有像影视作品里演的那样，止不住地涌上来，我很想表达内心的激动，但怎么挤都没挤出来，应验了"大音希声，大象无形，大悲无泪，大喜无痕"的真理。

"我的蛋蛋保住了，我的蛋蛋保住了，我的蛋蛋，嘿嘿，保住了。"我心里默默念叨着这句话，像念"芝麻开门"那样的虔诚，我努力装做像是见过大世面的，"不以蛋在而喜，不以蛋亡而忧"。我看着小护士，问她："现在几点了？我记得我进去的时候是下午一点多吧，好像做了几个小时。"

她看着我笑眯眯地说："你自己问医生喽！"

我继续问道："你刚才到底用什么妖术麻的我，到底怎么弄的？怎么这么快就睡过去了？"

她笑而不答，我扯着她的护士服说："你能帮我找下麻醉医生吗？我想感谢他一下，一点痛苦都没有，手术就结束了。"

小护士脸有点红，走过来拍拍我的手："他早就走了，你回头好了，自己再去找他吧。"

她拍着我手的一瞬间，我心里暖洋洋的，可她扭头，居然走了，我张了半天口，还是没声音。我目送着她的背影远去，只能安慰自己，蛋上刚刚动好刀，还是不要见色起意了，过客就是过客，有缘终会有缘。

别了，我的小雀斑。

# 09
# 动刀

·
·
·

**切割虽狠，补蛋更难**

在麻醉苏醒室逐渐恢复了人类的意识后，我被安然送到病房。因为手术成功，人蛋平安，在那里，自然少不了大家的一番庆祝，我也是从那时以后的复盘中，渐渐了解到手术过程。可惜，专业实在太复杂，医生不屑和我多讲细节，就像你要对一个刚入托的毛孩儿解释大学微积分，他们觉得即便我听了也听不懂，每次都是点到即止，我只能靠旁敲侧击，慢慢拼凑，还原全过程。

对医院来讲，严格意义上，蛋蛋修补术只是个小手术，和那些动辄十几个小时的切颅术、恶性肿瘤去除术、器官移植术等相比，我这个手术才做了 4 个小时，实在微不足道。只不过因为蛋蛋在人体中特殊的位置，且我的蛋碎事件又阴差阳错地被放大，成为街边巷尾茶余饭后的谈资，才使得这个手术好像非同一般。

单纯从蛋蛋手术来讲，补蛋可比切蛋难得多，好比在一张被涂抹得乱七八糟的纸上作画，总比在白纸上作画难得多。如果不是修补，我估计切除蛋蛋，不出半个时辰就可搞定，若在古代，那手法更简约。

## / 阉 割

对医生来讲，切比补容易太多。从古至今，即便从未受过任何医疗训练的平常人，也能干这个活。

清朝《醉茶志怪》中，有个"断根"的故事：甲乙热恋，甲父拆散，甲离开乙。某日，甲乙不期而遇，乙将甲带入房内，不停抱怨。甲赔罪，乙消气后挑逗甲。乙握甲阳具曰："原是我之宝，现却被他人占有，实在可恨！"在颠鸾倒凤，云收雨歇后，乙拿出预藏枕头下的利刃，一刀划下，将阳具和阴囊连根割落。甲逃离后，不久死去，家人找不到凶手。乙将她割下的阳具视若珍宝，藏在荷包，闲暇拿出赏玩。后来麦芽糖小贩叫卖时，见几个少女嚷着向姊姊要钱买糖，姊姊说没钱，女伴们说："荷包鼓鼓，怎会没钱？"强行掏荷包时，竟掏出团像小鸟般的怪东西，且已发臭。众女讶道："肉快烂掉，还能吃吗？"于是将它丢到地上。原来那位姊姊就是乙。麦芽糖报官，乙招供，判死罪。

这件事是在清朝发生的，可居然和日本昭和十一年（1936年）震惊全日本的一个真实案例惊人相似。当时年仅31岁，一生坎坷的艺妓阿部定手持男性阳具在东京街头游荡时被捕，被捕后，她在接受媒体采访时，否认自己是色情杀人狂，这也是著名的日本大片《感官世界》的创作原型——因为深爱而割掉情人阳具的故事。故事简单来讲，就是阿部定不满吉藏的感情敷衍，无法忍受吉藏和别的女人做爱，占有与嫉妒的火焰越烧越旺。为求更高的情欲，两人体验着变态的性爱。有时阿部定会手持剪刀，说要把吉藏的生殖器割下来。终于，最后一次，阿部定在吉藏沉睡时，勒住他的脖子，让他死去，然后用刀割下生殖器，紧攥手中，在尸体上用血写下了"定和吉永远在一起"。

好吧，我还是要说一遍，为何历史是那样惊人地相似！这两个故事我在这里提出，并不是想说明女人的嫉妒是多么恐怖，也不是要提醒男人千万莫去沾惹占有欲强的女人，只是想表达在床上的男人是多么可怜的弱势群体，割掉男人的阳具看上去多么容易。不过不管是乙女还是阿部定，显然在技术上都不过关，让两个男人割完都死翘翘了，当然，有一种可能性，她们原本就没准备让这个男人活着。

之所以这么说，是因为，并非所有的男人阳具被割掉，都会死去。拿另外一个清朝的事件做对比，即便是相同的动机，结果还是有不同的。

在清朝《明斋小识》中有"渔妇割势"的故事。褚公当县官时，有位渔妇因愤恨丈夫拈花惹草又屡劝不听，有一晚，乘丈夫入睡，将阳具割下。邻近渔夫知道后向官府报案，渔妇用草圈束丈夫的阳具呈到公堂上，褚公看了，喝声："好大的鸡巴！"公堂上众人不禁捧腹大笑。后来那位渔夫竟然恢复了健康，只是说话声音变得不一样而已。你看，很明显，人还健在，这个渔妇的切割水平就高得多。

此外，世界各地的文化中都有阉割历史，但都少有技术指导的文字记录。

古埃及僧徒靠阉割奴隶出售赚钱，先低价买得，阉割后高价卖出。他们的阉割之法惨绝人寰。被割者多为 6—10 岁小儿，阉割时，将整个阳具用力外拉，以快刀突然割之。止血更简单，在木棍上绑上海绵，蘸以沸油，直接将伤口掩住。血止后，再用涂有油膏的布包上。然后地下挖一坑，将被割者反绑两手后埋坑，只露头，几天后取出，通常四个人能活一个。

在欧洲，经过严格训练的阉伶歌手，音域有女声，气息有男声，一个音延续一分钟，超常人 3 倍的嗓音，可达辉煌、明净、力度超群的完美。阉伶须在 7—12 岁的男童期就阉割，重点是：不切全部阳具，只切蛋蛋。手术过程，只能在法国律师查尔斯的《阉人论》中找到一丁点相关描述，阉割既非切断通向蛋蛋的血管，也不是割去蛋蛋本身，而是在手术前，先让男童进行温水浴以便软化蛋蛋，尔后紧按住他的颈静脉，直至他失去知觉，这时才开始动手术。

由于缺乏雄激素，阴茎发育异常，不能正常性交，性欲也会断绝。在有史以来唯一一本阉伶自传弗利浦·贝拉切《世界的果实》中，他反复提及性欲缺乏是他的痛苦之源；但也有人说，这样可能还是会有性欲，譬如影片《绝代妖姬》中，全球最著名的阉伶法里内利就有性行为。到底只割蛋蛋不割阴茎，还能不能勃起？还能不能性交？这个问题在罗马人关于阉割的古代记载中，可以找到答案。

阉割在罗马人的记载里，可分四种。第一种是 Castrati，就是将阴茎和睾丸全部割去；第二种是 Spadones，只将睾丸除去，据说这是最普通的一种；第三种是 Thlibiae，蛋蛋不必除去，但是会用重力压碎；第四种是 Thlasiae，只将输精管割去。根据现代研究，罗马人第二种只将睾丸割掉的阉割法，如果是用在还没发育的小孩身上，可以完全断绝性欲，但是，如果用在成年男子身上，性欲会依然存在。所以，在罗马时代，这种男子最受贵妇人的喜爱，因为经过这样阉割的男人，做爱时的耐力不仅可以大大延长，而且绝没有受孕的危险，可以大大满足贵妇人认为安全的性需求。

相比之下，中国人在这方面的技术很全面，简而言之，中国古代阉割有两类四种。

不需刀具的手术，有两种。

第一种叫"绳系法"。在男童幼小时，用麻绳从蛋蛋根部系死，既不影响男童撒尿，又因得不到供血供氧而停止发育，生殖器会逐渐丧失功能。

第二种叫"揉捏法"。在男童幼小时，每天轻捏蛋蛋，待适应后，再加大手力，将蛋蛋挤压揉搓，直到坏死。但这两个方法都有后患，如果那个孩子已经发育，手术之后虽然不能射精，但可能会有性欲，而且还会更持久，更无早泄之忧，其淫乱宫廷的能力仍在。为绝后患，后来这类方法就不采用了，宫廷里都用刀直接切割，不留隐患。

动刀直接切割，又分两种。

第一种"取蛋法"。按照《阉割发展史》的阐述，通常割蛋的方式是：在阴囊左右各横割开一个深口子，把筋络割断，以便把蛋蛋挤出来。这需要阉割者身子打挺，小肚子使劲往外鼓。待用全身的力气把蛋蛋挤出来，刀匠会把片好的猪苦胆贴到阴囊左右两边。用此法阉割不需完全割除生殖器，也可达同样目的。

第二种叫"全割法"，古文中叫"尽去其势"，可这里面，不同的学术研究门派和不同的记录对此叙述各不相同。有的派别说，全割就是直接完全割除鸡鸡和蛋蛋在内的所有阳具；有的派别却说，全割也要两步，先按"取蛋法"把蛋蛋割掉，然后再割鸡鸡，鸡鸡割除后，插根大麦秆，把猪苦胆蝴蝶状敷在伤口上就好了。

我没能仔细研究阉割历史，无法判断哪种说法更准确。我想强调的是：无论哪种工艺，极致了都会让人惊叹不已。像清朝专门阉人的工匠世家，技术秘不外传，可封为六品顶戴。像割鸡鸡就是门大学问，割浅割深都不行，割浅了，怕有余势，将来脆骨外鼓，还会遭罪，再挨第二刀；而割深了，将来是个坑，呈扇形，会往里陷，一辈子撒尿都会尿裆。所以拥有手艺的行家，可一刀下去，一劳永逸。

可能大家都觉得切割太残忍了吧，所以科学家总要找些能安慰人的观点，比如"阉割使人长寿"。韩国仁荷大学的科学家们在研究了朝鲜王朝81个被阉割的男人后，发现阉割后的男人比普通男人活更久，大概长19年，而且雄性荷尔蒙会缩短男人寿命，皇帝和皇室男人的寿命最短。

这个韩国的研究成果，我个人觉得对男人没什么吸引，即便是寿命能再长119年，多数男人还是宁可留下宝物。但我深知，人各有志，这个观点只能代表我自己的想法，对那些志当存高远，秉持"就算今生暂时比不过你，我耗也能把你耗死"这样观点的朋友，他们也许会有足够坚定的意志为了看着敌人老去而自阉，完成常人不敢完成的任务。

切除蛋蛋虽然残忍凶狠，但在技术上并不琐碎复杂，如果只是切个蛋蛋，步骤就更简单，相比起来，修补蛋蛋就太麻烦了。不幸的是，我亲身体验了这样一个麻烦的全过程。

## / 手术过程

按照事后向医生的求证，我这次手术的过程大约可分四步：

### 第一步：阴囊动刀

先在阴囊上用刀划开一道口子，刀长 5 公分。太长，等下会做毫无必要的缝针；太短，蛋蛋压根掏不出来。万一口子划太短，取不出蛋蛋，然后再继续用刀补划，必定会刀口不齐。这就像你在纸上画条线，一下子画到位，和先画一下，再拿笔接着画下去，肯定当中会有断位和不整的道理一样。要划得刚刚正好，不偏不倚，不多不少，必须要有起手时精密的布局，这全有赖于主刀者多年来观蛋补蛋的经验。

刀口划在哪个位置，极有讲究。好的医生不仅会考虑蛋蛋内部的机体修复，还会考虑外部的美观，把疤痕的位置放在最隐蔽之处，让蛋美艳依旧。虽然蛋蛋这个器官，再牛逼的摄影师来拍，都会拍得像满脸褶皱的老头子，但好的医生，会把蛋蛋修补当成是整形手术来做。我的医生用心良苦，帮我选择了蛋蛋最底部，任你功力高强，观察细微，也休想轻易得见。连我自己想看，也得先单手做个艰难的站姿前屈的瑜伽动作，再用另外一只手拿显微镜反照，方有可能。即便是日后战斗，除非对方 360 度无死角，否则她想察觉，也必将无功而返。

### 第二步：囊中取蛋

手术单上开的白纸黑字是"睾丸修补术"，但事实上，在真正的手术过程中，并非所有的碎蛋都能修好。这也就是为何在手术前医生问我，万一不好，是割还是保的原因。因为蛋蛋组织的破坏或阴囊血肿都可导致蛋蛋萎缩，万一坏蛋蛋处理不当，血肿继发感染及精子抗原暴露，会反遭自身免疫系统的攻击，引起原来那个好蛋蛋的萎缩，那才是真正的大祸临头。故此，所有的一切，要等到蛋蛋取出后，才能水落石出，再合计怎么走下一步。

口子割开以后，医生会凭借手感，伸到里面去，把蛋蛋掏出来，我猜想这个感觉是不是和我小时候爬树掏鸟窝的感觉异曲同工。唯一不同的是：鸟的鸟窝，一次可以掏很多蛋，掏的过程中，捏碎无所谓；可是我的鸟窝，就只有这一个蛋，如果掏的过程中，不小心捏碎了，或是让原来已碎的蛋蛋来个碎上加碎，那就完了。关于具体怎么掏，用几个手指掏，掏出来到什么程度，这些问题太血腥，我就没敢再细问，医生当然也不会主动和我说这个过程。

我唯一确定的是，当我的蛋蛋在安乐窝中被取出，得见世人的那一瞬间，在场的医生被彻底震惊了。除了已知的白膜被震碎以外，里面的蛋蛋有2/3全被震碎。准确来说，尤其是附睾和睾丸的连接处全碎了。睾丸，就是蛋蛋，是子弹的原料厂；而"附睾"，按照互联网流行术语，就是蛋＋，是原料的加工厂。正常情况下，蛋＋的形状呈半月形，紧贴在蛋蛋一侧，加工蛋蛋所产出的原始精子，加工后的精子成品，经由输精管喷涌而出，幻化成亿万子弹奋勇向前。而现在的情况是，原料厂爆炸，被炸毁2/3，连带与加工厂之间的围墙也彻底坍塌，荡然无存，可怜的加工厂里面也是倒霉蛋，楚国亡猿，祸延林木，一片支离破碎。

正常情况下，一个蛋蛋上要想找到一个小小的白膜破裂口，该是轻而易举。可是，在一个血浓于肉、肉混于血，皮肤和肉片组织四溅，细微血管又星条密布的蛋蛋中，想找到那个裂口，除了技术，最需要的就是耐心。如果你以为水龙头呼啦冲洗后就可现出原形，那说明你忘了人体的蛋蛋比人的脸蛋要娇嫩多了。

## 第三步：补蛋还巢

这一步才是所有手术步骤中最烦琐的。

蛋蛋拿出后，在精心修补前，首先要清除血肿和切除掉那些已经阵亡的组织，刀有刀功，剪有剪法，把裂口外没用的组织给剪掉，把边缘已碎裂的没用部分切掉。

然后，把出血的血管全部结扎好。接下来，就要开始缝针啦。

在缝针前，花时间最多的是去研究怎么缝补。就像造楼之前，必须先设计规划出图纸一样，否则直接仓促开工，事先没算好路径，多缝不说，还可能重新返工。因为我的伤口在清创后，发现是个 L 型的伤口，所以，在具体操作上，就要先缝 L 的拐角，然后分别左右两段实施，把一个复杂的问题变成两个简单的问题，就好操作了。

真正的缝针，其实是缝了三层。

第一层，是最直接的那层最硬的包裹蛋蛋的白膜。缝针要使两侧边缘紧密对合，不留一丝活口，完全覆盖蛋蛋，再次回到盘古开天辟地前的混沌之初。

第二层，是阴囊里面的肉膜组织。我开始只觉得第一和第三层就够了，为啥还要缝这中间一层。原来，这层缝好以后，皮肤张力会变小，对伤口愈合更好，另外，缝合成功，可以使蛋蛋更接近正常位置，如果不缝合，则会造成阴囊里面的组织粘连厉害，不易恢复。

第三层，是最外面的阴囊缝合。这个很好理解，目的就是多年以后，在我遗体告别这个世界的时候，家属仔细检查我身上的每寸肌肤，抚摸到蛋蛋处，根本就感觉不到当年这个伤口的存在。因为疤痕细腻，早已融入到肌肤之中，无痕无迹，杳无踪影。

简单来讲，就是缝了三个俄罗斯套娃一样的口袋，每层都缝了6—7针：第一个最里面的小口袋是包蛋蛋的，第二个口袋是缓冲用的，第三个最外面的口袋就是挂在外面的。

这三个由里向外的袋子，分别用的缝线型号都不同，缝最里面白膜的线，必须要坚、要韧、要硬、要牢，用那个线往人的脖子上一勒，就是谋杀案；缝最外面一层的线，就要用可吸收免拆的羊肠线，有助达到手术后的无痕效果。还有，同样是缝针，好的针法可以起到减少皮肤张力的作用，皮肤越没有张力，越松弛，恢复会越好，皮肤越紧，恢复时越容易撑开，伤口就不美观……这些都是技术，都是学问，讲下去，就没底了。

## 第四步：封巢留口

在第一次换药的时候，我特别注意了一下，惊奇地发现，纱布取下来以后，居然有个小布条插在我的蛋蛋上，也就是说，我的蛋蛋从来就没有被缝合起来，居然有个布条插在上面，天呐，我被吓呆了。

这个我所看到的"布条"，实际上是在蛋蛋的旁边放置的一个橡皮片引流，因为阴囊里面在手术后可能会有积液，如果把口袋全给缝上，那么口袋里面残存的积液就出不来了。所以，用根小小的橡皮条把没用的积液从阴囊底部另戳孔引出，也就是组织创面渗出液，专业术语叫"引流物"。这东西，我觉得可以把它理解为家里的下水道孔，手术后，必须要留这么一个孔，让垃圾出来。那么，我困惑的问题来了。这个留下来的孔以后怎么办？难道再给我动一次刀，再缝一次针？我已经怕了。

原来，人体非常奇妙，这个引流条事后证明，一天后，只要拉出来，布袋两旁的肉膜组织，就会立即自行盖上，将伤口自行愈合。

以上是对整个手术过程的简单描述，由于这里牵涉太多的医学术语，我只能按照自己的理解简要录之，里面每个环节的每个步骤只要稍微出点差错，都会引发无数麻烦。

补蛋，真的好麻烦。

## / 移 植

中国社会当下的问题一箩筐，在所有问题中，大家公认最大的问题是，人们缺失了基本的信任，不相信食品，不相信医疗，不相信疫苗，不相信媒体，不相信公正……整个社会弥漫着怀疑和警惕，这种悲哀，你我都有过深切的体验，并且可能在未来的一段时期里依旧会继续体验。

这种不信任无孔不入，可能影响到我们每个人的每天、每个角落、每个思维，想不到我的蛋兄居然在蛋蛋事件中，也有机会遭遇。

很多网友提了大量关于蛋蛋的问题。在开刀问题上，让我过目不忘的一个神问题是："乐老师，请问，把蛋取出修补后再放回卵巢时，你当时有没有看到医生怎么修补的？有没有怀疑过那其实不是你之前的蛋了？有没有怀疑过医生为了照顾你的情绪而用别人的蛋或某种动物的蛋代替了？"

我被问到时，彻底愣了！我觉得提出这个问题的朋友，真是心思缜密，考虑问题之周全，思考问题之深刻，放眼望去，当世罕有，我的敬仰之心顿如滔滔江水延绵不绝。可叹的是，自从听到这个问题后，我整个人都不好了，内心隐隐作痛。如果连这个问题也要怀疑，我真的不知人还能怎样活下去。

我郑重回复了这位朋友：兄台高瞻远瞩，殚精竭虑，令小弟佩服。现汇报如下：

第一，蛋取出后，最终归位于在下之阴囊，并非卵巢，迄今小子四十有余，卵巢尚未长出，颇为羞愧，请兄台明鉴。

第二，小弟怕痛，没脸做关公的粉丝，故不敢一边补蛋一边看着别人补自己的蛋，早早就麻醉过去了，医生修补过程未有亲眼目睹，手术室规定亦不可录像，观战之事今生只能引为憾事了。

第三，术后至今，体内尚无任何不适，正所谓"金蛋银蛋不如自己这枚草蛋"，想来还是自己的蛋用得爽，用了40年，毕竟有感情了，不用摸，往那一站，闭上眼感觉一下，就知道是不是自己的。

第四，动物蛋蛋换给我，听上去很有创意，问题是太大了植不进，太小了植了没用，在这方面，世上唯一一个流传甚广的"康有为换睾而死之说"，已被证明是康先生被敌人蓄意诽谤，技术上人类目前还无力实现。

第五，即便我想用别人的蛋，也要别人有蛋可以给我，事实上，想搞到人的蛋蛋，并不像搞个鸡蛋那么容易。

第六，即便有人愿意分享他的蛋蛋给我，在下胆小，也未必敢用。

回复完这位神人，关于蛋蛋能否移植的问题，正经回答。先给你讲一个认真的知音体的狗血故事。

甲与乙乃过命交情，乙初到城市，甲多关照扶持，乙心中有数。之后，甲不慎受伤，被钢筋横穿阴囊，双蛋俱损，丧失性战力，痛不欲生。乙为报恩，决定捐献一蛋给甲，甲感恩不尽。术后，甲夫妻恩爱，产下一子。几年后，甲妹与乙两情相悦，甲以乙只有一蛋为由坚决反对。甲妹不以为然，告知其兄，兄那一蛋，还是乙相赠与你，如今你却说人家只有一蛋，真是滑稽。甲告知其妹，吾那一蛋确是乙相赠，但你可知，正因如此，吾与你嫂生的一子也与乙有关，何况只一蛋者，战力将来好坏难说，兄是为妹之将来着想呀。甲妹大惊，痛斩情丝，与乙分手。乙得知后，怒不可遏，天下怎有如此恩将仇报之人，吾予你吾蛋，汝却恶断我情缘，遂刺死甲，乙锒铛入狱。

理论上，技术上被移植成功的蛋蛋，有产生精子的能力，但所生的子女是否带有供蛋者的遗传基因，这个问题尚未得到科学最后的确认。如果的确带有，那就等于受蛋人生出的孩子，虽然掺杂了自己的成分，但主要还是为捐蛋人生了个孩子。

通常蛋蛋移植的提供者有：活体和尸体。第一类，活体蛋蛋移植，就是给家庭引来一个活生生的"第三者"，有可能破坏家庭的完整性。第二类，尸体蛋蛋移植，除了捐献蛋蛋的时效性，是否意味着死者还可生育子女？如果死者家属要追回孩子，法律上怎么说？此外，还有无数法律纠纷的可能。比如：遗产继承权？子女知情权？父母隐私权？双方协议的法律效力？探视权？近亲通婚？

不谈技术的复杂，光是这些伦理问题，就会让人望而却步。

另外蛋蛋移植的目的是什么？通常，只要一个蛋蛋在，依旧可以有精子产生和性功能，没任何必要做移植。如果只是觉得少了一个蛋蛋不美观，那么，装个假体，就可轻松达到目的，须知，任何器官移植，都会存在人体排异。有很多种方法都可解决问题，毫无必要做蛋蛋移植。

《圣经·马太福音》中耶稣说："因为有生来是阉人，也有被人阉的，并有为天国的缘故自阉的，这话谁能领受，就可以领受。"3世纪时，亚历山大的东方教父Origen照字面解读耶稣此语，无比忠诚的他，为了变成圣人，真的阉割了自己，结果却被教会谴责。公元325年，第一次尼西亚普世会议召开，会上颁布20条教规，第一条就规定：如果有人身体健康却阉割了自己，将被开除，且永不会再担任神职。教会重新解释福音，认为耶稣这话只是一种隐喻，是警告人们控制自身的欲望，身体虽不可自残，但对阳具还须加以控制。教会为此大肆搜捕女巫，借此把大阳具妖魔化，说正是因为魔鬼阳具巨大，才是毒化她们的工具，首先要做的就是视觉上的阉割。

我看看自己那话儿，虽然不大，但足够用了。突然之间，我为自己庆幸起来，我从未想过自阉，也尚未被人阉，出了这等蛋碎之事，还能不被切除，仅仅只是稍事修补而已。噫吁兮，生活对我如此厚爱，这是多么的幸福。阿门！

# 10
# 恢复
.
.
.

春梦有痕，梦话连篇

## / 梦 话

第二天清晨醒来，习惯性地摸一摸蛋蛋，发现还在，一股暖流从足底涌泉逆流而上，心里就像花开了一样，好幸福呀。

因为我在网上发表《蛋蛋保卫战》第一篇中，提过六六探病时送的花草深得我心，此后，来探视的朋友，人人进来都抱着各式盆景，搞得房间里桌子那一角半园春色，像正在举办盆景展销会。

为防止麻醉药过去以后，夜间太痛睡不着，医生开了镇静剂和消炎药，吃了药也还好，一夜相安无事。我躺在床上，仰望天花板，想起古代的太监没有麻醉剂，没有镇静剂，没有消炎药，直接下刀，割后就扔在角落里晾着，那种被阉割后的惨烈，让人不寒而栗。

在古代，被阉割者在手术后的三天，是最难熬的时光。在这三天里，他们必须躺在特制的门板上，双手双腿都被捆住不能动，以避免病人触摸伤口，引发感染。门板间还留有带活板的小洞口，大小便时用。当时没有任何止痛消炎，为了避免感染，三天必须滴水不进，可谓痛苦异常。待三天后，麦秆拔除，尿液喷涌而出，手术才算成功。然而苦难并没有过去，最重要的是抻腿，每抻一次，都痛得心胆俱裂、浑身发颤，但这对阉割者来说，又是必需的，否则可能导致腰佝偻，一生不能伸直，所以，只能忍受这种剧痛。

如果那时有消炎止痛药，也不会有这样令人颤抖的文字描述了。当然你会说，两件事毫无可比性，一个只是补蛋，一个是切蛋加切鸡，完全不在一个等量级。其实，我只是想再次表达，没有现代的医学文明，没有止痛药和消炎药，像我这么脆弱的人，必然是活不下来的。

关于夜间的记忆，只有一个还算清晰。第三天清早起来，陪夜的朋友问我，知否昨夜干了些什么？那种表情，给我一种强烈的错觉，我立即浮现出的画面是"魂梦悠扬不奈何，夜来还在故人家，天明方作人间别，洞口春深道路赊"，可我知道那晚我根本不具备那样的实力。我问他："难道我又说梦话了吗？"

朋友惊讶于我有这样的自知之明，他不知道的是，我自己几十年如一日，在说梦话这件事上始终如一，从未掉过链子。我的历任女友和我分别时，虽然原因不一，但总结我生活中排名首位的特点却是惊人的一致，那就是，我常在梦中惊雷一声平地起，然后伴随以单刀直入机锋峻烈的棒喝。幸好她们知道我经常讲课，做了 20 年培训，职业习惯早就见多不怪，习以为常了。

他掩饰不住脸上的怪异："乐兄，你居然在喊'蛋兄不哭，你是蓝色，蓝色，我稍后就来'，你是有多爱你的性格色彩啊，这话什么意思啊？"

我觉得他在胡诌，怎么可能听得那么清楚，梦话经常都是囫囵吞枣地带过，偶尔有那么一句两句特别清晰，怎么会那么有逻辑性，像戏剧学院在上台词课一样。

他啥都没说，边把手机录音打开，边说："好吧，那你自己听吧，第一次被你吵醒以后，我就打开录音放着，后来再次被吵醒，就把它剪出来了。"

我干笑了两声，反复想了半天，对我自己的这句梦中呓语，我觉得只有一种"日有所思，夜有所梦"的可能。有本忘记名字的医学趣谈中说，男人的蛋蛋可能不是黑色或灰色的，里面有蓝色，我一直没琢磨明白，老惦着这个事儿。再加上手术前，和蛋蛋单独对话过，我觉得即便是人体的器官，它们也都有各自的性格特点，蛋兄有点像性格色彩里的蓝色性格，不张扬、内敛、含蓄、低调、有内涵、有功不贪，也不会用力喊叫希望天下都知道，一直默默付出、非常忠诚……

## / 尴尬的意外

术后最难过的一种反应，对我而言，该是手术过后的第二天，整个脖子是僵硬肿胀酸楚的。是的，不是疼痛，而是酸胀，就连一个细微的抬头，刚刚用力，头还没离开枕头，脖子都是说不出来的难受。中医说，这说明平时颈椎就一直不好，麻醉后，即刻就会显现出来。

我从手术室出来被推到病房，要把我从推床挪到病床，那一瞬间，我才发现鸡鸡中间赫然醒目地插着一根米黄色的导尿管。而在 1300 年前的医学史上，那时的人们是用葱管来导尿的。想起中国古代，专门阉割太监的手艺人会在割掉阳具后，用白蜡油涂在冒血的伤口上，然后在蜡油上撒些胡椒粉止痛，再将一根细麦秆插入尿道，这样，尿液可以避免触及伤口。以后数月，这根麦秆就是导尿管。阉割后的太监，就好比出水系统被割掉了水龙头，水就不会顺顺当当地流出来，也许会不规则地流出来，水花四溅。所以，坐厕也就成了他们的唯一选择，否则，他们经常会尿得到处都是。

我不敢想象导尿管插进尿道后的过程，这事当然是在我被麻醉期间，医生悄无声息地偷偷干的。若是和平期间，眼睁睁地看着要做这样的举动，怕是还没开始，我就要昏厥过去了。

我看着这根米黄色的橡胶管，再想象一下古时的麦秆，告诉自己，应该为现在拥有的一切知足，好歹，现在我不用担心尿液四溅，而且至少到现在，这个治疗的过程没有那么痛苦，这必须感谢现代医疗技术的进步。

在我看来，导尿管虽然貌似恐怖，但毕竟只是过眼烟云，24 小时后拔掉，就不用再有任何顾虑，根本都不应该有丝毫关注。可就是这种情况下，还出了一个小小的幺蛾子。这个插曲，事情很小，但惊吓不小。

第二天，可能是翻身导致，我自己都不知道发生了什么，有那么一根阴毛，就一根，不甘寂寞，不知怎么居然莫名地自己卷进了尿道口顶端，和导尿管纠缠在一起。我只要稍微一动，这根毛就轻轻一拽，拉到橡皮管，扯着尿道口，继而，我就觉得自己的家伙被锁死收紧，毛孔不寒而栗。我赶紧按铃，向进来的护士借把剪刀。护士真是负责，反复询问我借剪刀要干吗，我告诉她山人自有妙用，借给我就好，可小护士无比执着，继续认真严肃地追问，到底借剪刀要干什么。我能干什么？当然是有用喽！难道她担心我会准备轻生？还是她作为护士觉得应该帮我解决问题而不应该我自己做？还是她觉得说不定会有另外的方法解决这个我认为一定要用剪刀才能解决的问题？还是她不知道要拿哪种尺寸的剪刀，只有知道是啥问题，才能给我相应的剪刀？反正，姑娘就是不肯给我。

我实在不好意思开口，又急着赶紧弄断，如果我不怕疼，敢直接拔掉的话，也不会那么麻烦，但我前后都不敢拔。实在被逼无奈，豁出去了，一撩被子，对着小护士说："你看，夹进去了，很疼。"我说这话的时候，特别镇定自若，就像指着一盘菜对饭店里的经理说："咦，菜里怎么有根头发呐？"人家小护士该是见过大世面的人，面不改色心不跳，二话没说，瞬间消失，嗖，瞬间回来，递给我剪刀以后，我刚想看她，嗖，她已人间蒸发了。

我看着那根被剪断的毛发，不禁回忆起和丁医生关于手术前剃掉阴毛的对话，我有点后悔，当时该直截了当，请他在手术时将周围尽数剃光。很多医院都是担心手术部位感染，规定手术操作部位方圆20厘米内都是要皮不要毛，尽数皮肤消毒的。如果当初剃干净，刚才也不会多个事，不用现在搞得人家姑娘尴尬。当然，也可能是我在多想，人家护士根本不会有丝毫尴尬。谁让我在第一次的 B 超中有过那么冰冷的体验，我总担心女医者会忌惮男患者的私处，觉得不便，哎，想想，要是有男护士就好了，不会那么多介怀。

## / 换 药

每天早晨，徐教授带着科室的得意门生们前来查房，住院科的医生也抓紧难得的学习机会跟随旁听。一帮人杀进病房，成半弧形围着病床，我受宠若惊，着实被吓到了，还要装作毫不介意。检查伤口换药的时候，几个女医生不待徐教授开口，自动自觉地规避，其实，我倒没怎么介意，脸皮早就练出来了。从第一次进入 B 超室做检查开始，我就告诉自己，如果我自己不好意思，讳疾忌医，最后倒霉的一定是我自己。反正之前已经给很多人看过了，麻醉护士和病房护士都看过很多次了，医生看，更是天经地义，我做好了被观赏的准备。女医生的离去，我的理解是，她们不是核心的当事治疗医生，只是顺便来观摩学习，在可看可不看时，她们选择避免尴尬。

看到几个男人包围着我，认真端详我的蛋蛋，时不时奋笔疾书，记录下教授的点拨，间或还有交流探讨，有种众人指点江山的感觉。我告诉徐教授，我很荣幸能够成为他的标本，恳请在教你同仁的时候，把我算个旁听生，我也想顺道学点手艺，将来万一无人可求时可以自助。他冷冷地笑着，估计是瞧不上我的悟性和资质，而且觉得我这样说，是在轻视医生专业的复杂和严肃，但他话到嘴边，当然会变得好听点，于是，就说了一番场面上的官话，什么乐先生你如果从医是大材小用啊，暴殄天物呀，反正笑呵呵地拒绝了我。无奈，我为了这本《淡淡》，里面很多专业术语，只能自学。

缝针用线是一个月后可自行吸收脱落的，在我出院前，大概换了四次药，其中最疼的是第一次。因为没有麻药，那次换药，严格意义上说，是我真正第一次体验到在伤口上直接作业的感觉。我不想在此描述有多疼，因为换药的过程很漫长，足足有一分半钟，在那一分半钟，我鬼哭狼嚎，唱起混杂着南腔北调的长调，调中不见歌词，只有龇牙咧嘴的呻吟，凄厉高昂，悠远深长，穿透了病房这一层。在最痛的那一刻，我头脑清醒，打开了手机的录音功能，得以让这一千古绝唱保存下来，窃以为，稍加包装，便是制止小儿夜啼的普世良药，也是深陷悲哀中人们的缓释剂。人们会发现，不论自己多么悲惨，和歌声中的这个人相比，依旧是相形见绌。这个歌声的疗效，立竿见影，永无后遗症，更难得的是，听者永无免疫力，无论何时重听，永不过期。（"乐嘉"公众微信号 lejiafpa 内可聆听这段惊天地泣鬼神的天地绝响）

对我个人来讲，这段录音虽短小，却意义非凡。日后，当我濒临绝境和人生低谷时，我就拿出这段录音，听到这段"蛋蛋无麻醉换药之呼天喊地哭爹叫娘撕心裂肺幻想调"，便会忆起这段往事，更加珍惜生命里的每一天。这种事，哲学家萨特和那个与他情感有交集、小他30岁的作家萨冈也干过。萨特晚年眼睛不行，想再找人读一遍萨冈写给他的"情书"，以便享受萨冈对他的崇拜之情，但又怕被人笑话。后来，萨冈花了3个小时，反复朗读这封信，把她对萨特的感情全都收到磁带里。后来，萨特先生对萨冈说，每当夜里他感到消沉的时候，就独自听听这段录音，于是心中便涌上一丝温暖的亲切。萨特的感觉是亲切，我想我听到自己那段调子，感觉应该没有亲切，而应该是庆幸和缅怀。

由于一直躺在床上用个小餐桌操作电脑，几天后，医生让我可以时不时落下地，适当移动几步。我也的确觉得自己像坐月子，总在床上，四肢僵硬，就准备换个位置写东西。坐在椅子上屁股太硬，就坐在沙发上，但坐上去以后，屁股陷进去，蛋蛋被死托着向上，更是难过，就像有人用力卡你的脖子。管病房多年的主任，经验丰富，看我这么可怜，给我找了样武器，弄了个马桶圈大小的软垫，旁边包得好好的，这个垫圈宝物的模样，和小孩坐大人马桶需要加的儿童马桶垫一样。我坐在软垫正中，紧紧地包裹住臀肌，核心部位圆满地自然悬空于内，这样，写作时不必长期压迫会阴。可地心引力太大，蛋蛋一直下坠直吊，伤口也不舒服，于是，又在轮胎圈里面蛋蛋下垂的位置那里，放了块小毛巾垫着，这样就完美了。我觉得，病房主任真是及时雨，提供给我的这个马桶垫是雪中送炭，相比锦上添花，更显弥足珍贵。

导尿管拔掉以后的两天，有个夜晚，我做了一场春梦，估计和我那个损友给我看的成人片有关，他说要测试下我的反应。第二天一早，我居然在一阵快感的战栗中醒来，发现医院肥大无比的病号服已经湿了，黏乎乎地贴着身子很不爽快。我看着病号裤，有点激动，现在我都什么样子了，居然还会梦遗。就像作家唐酽在《心乱不已》中说过，写"春梦了无痕"的诗人一定是春梦才刚开头就醒了，于是以为是春梦的全部。其实，他那个春只是"春江水暖鸭先知"的春，而非"红杏枝头春意闹"的春，春梦若无痕，那只是被阉割了的失去了精髓的很不完整的春梦。我实在不好意思把这套衣裤给病房的阿姨拿走换洗，遂把它藏了起来。

最后出院时，我对住院部的大领导说，感激这段时间住院医生和护士姑娘们的关照，我人手赠送两本书，《本色》和《色界》，但可否也向她讨个纪念品？于是，名正言顺地把这套存有我春梦痕的病号服堂而皇之地搬回了家，顺手，还要了那个马桶圈。

# 11
# 如厕

·
·
·

**排泄之囧，便便攻略**

我一直担心探讨"屎屁尿"的学问容易让人觉得无聊，并且误以为谈者格调低下，好在此话出自大科学家富兰克林。

事情的起因是，布鲁塞尔皇家科学院每年的有奖竞赛，都会提出一个"自然科学"的假设，以待科学家们解决，于是，富兰克林响应号召，提出一个问题：科学怎样让屁招人喜欢？比如，是否可以发明一种药水，喝下以后，让屁味像香水，遗憾的是，直到现在，还没出现突破性成果。也许是人们固有的观念在作怪，觉得"屎屁尿"这玩意儿，不登大雅之堂。我是这样想的，虽然它们的味道和卖相不佳，但我们每个人每天都要从我们自己的身体中排出，如果在这些问题上我们态度更自然更客观，我们的生活也会更通透美好的。

术后病人的排泄，是多数患者不可言说的尴尬。在排泄问题上，病人最大的痛苦不是大小便本身，而是在病床上，根本没有人的尊严。如果病人还可自理，那最多只是麻烦点；但如果不能自理，要终日躺在病榻上，由家人更换屎尿，翻身擦背，最基本的生理需求都要由他人照顾，先不说"久病床前无孝子"，病人自己亦会羞愧难当。你可能会觉得都是自己的家人，血脉相承，有什么关系呢？都是自己的伴侣配偶，肌肤相亲，有什么关系？如果你这么想，那只能说明你根本没有经历过。尤其对于一个一生好强，有着强烈自尊心的人，如果时常被暴露在众人眼中，不能动弹，任人宰割，那绝对是不敢随意去触碰的悲催回忆。

本章记录了我作为一个手术后的病人，在大小便上的尴尬和心路历程，望与天下所有在医院的病友，有过住院经历的朋友，亲人们正在经受磨难的陪护者们分享。愿你真的能感受到身在痛苦中人们的心中所想。

## / 小便攻略

护士每天量体温，有一次交代我："从现在开始，要记住每天大小便各多少次。"我想了一想，问她："大的时候带上小的算不算？"护士愣了一下，脸一红："你现在有大的了吗？"我说暂时还无。她说："那就等你有的时候再说吧。"

手术过后 24 小时，导尿管要拔出来了。我想起一根粗壮的橡皮管要从我的尿道口中间拔出，就不寒而栗，想起来，腿都发软。我问医生，请问你是怎么残忍地把这根管子给插进去的？医生刚准备回答时，我赶紧打断他："别说了，我不敢听，就当没发生吧。"我了解自己，我有惊人的画面再现能力，好处是让我经常可化意淫为具象，画饼充饥；但物极必反，在想象恐怖画面时，痛苦也比常人大百倍。

医生像哄小孩一样，骗我一点也不疼，没啥感觉就好了。我虽然天真但也不敢相信，反复抓住他的手问他，拔导尿管这么恐怖的事为什么不打麻药？他装作认真考虑我提议的样子，说帮我先检查检查，然后给小护士使了个眼色，小护士跑到左侧检查我吊水瓶针口的时机，他在右侧，嗖地一下子把我的导尿管拔出来一半。我差点叫起来，眼睛盯着他："哇，你想干什么？"他笑着问我："疼吗？"还没等我反应过来，又拔了一下，管子出来了。出来的时候，平心而论，生理上的确不痛，有那么些干涩的摩擦感和无精可射时龟头的刺痛感，但心理上余悸仍存。

医生说，由于先前尿道管在里面存在刺激，拔掉后，会有不停地想去小便的欲望，即便没喝水，还是尿量极大，而且频率巨高。事实上，果真如此，几乎是每小时一次，我担心自己会不会把身上所有的水分尿光，从来不知自己有那么大潜能，从哪儿整来这么多的水储存，又不是骆驼，怎么容纳得下这么多！

刚开始下床小便，因为术后痛感下坠，就像一块吸石铆足劲要把我的蛋蛋拉到地面。而我既不能抗争过度，又不能任意由它下坠，采取的斗争策略就只能是弯腰佝背，双腿叉开走路，手里还要扶着挂吊水瓶的输液架。为了不让血液回流，我尽量把手部放低，输液架有轮子，我把它推在我的前方。如果那时我能看见自己的样子，该是心酸中带着滑稽，滑稽中饱含心酸。

马桶前立定，术后第一次尿尿，我想和平时一样用站立完成，但可能是之前的排尿一直在床上用导尿管完成，再加上蛋蛋太痛，居然没法站在那里尿出来，无奈作罢，只能转个头，用坐式，任它流淌。

实在太痛苦了！为了让自己不再那么苦，我必须设法苦中作乐。有一天早晨，我在吃医院配送的早餐，护士走进来，手上照惯例拿着个采尿瓶。她出去的时候，我赶紧把我的苹果汁给倒进瓶中，过了一会儿，她走进来，我交给了她。她看了看，皱着眉头，认真地说："今天的好像有点浑浊。"我装作啥也不知道的样子，拿过来，仔细看了看说："嗯，好像是有点不太好。"然后，一仰头，将小尿瓶一饮而尽。她直咚咚地瞪着我，樱桃小口张成一个巨大的英文字母 O，没等她反应过来，我哑哑两下，抹了抹嘴角，说道："让我们再采一次吧。"

三天后，也就是手术后的第五天，下坠感没有那么难忍了，我终于努力完成了一次正常的尿尿。不过，状况实在不敢恭维。站在那里，鸡鸡有气无力地耷拉在蛋蛋上，这么冷的天，居然还有一层薄薄的汗珠让他们亲密地黏附在一起。我轻轻提起小东西，努力想好好尿，也许是几天没站着尿，也许是术后不敢用力，发挥很不正常，尿流很不听话，飞流垂下，尿液四溅。我努力抬高，尽量想尿远，但术后的鸡鸡也很不给力，最终，还滴滴答答落在了蛋蛋上几滴，幸好没沾到包裹伤口的纱布上。我暗自庆幸，虚惊一场，但也吓得够呛，不敢怠慢。

关于尿尿的技术问题，据说美国犹他州州立大学有个"不可压缩流体实验室（Splash Lab）"，这个实验室的两位教授Tadd Truscott和Randy Hurd，享誉中外的研究课题就是"嘘嘘时如何不把尿溅到身上"，专门研究尿液与马桶亲密接触的那一刻，尿液回溅的无限玄机。研究出的结论是：垂直平面对于尿者最友好。他们认为，有效防止尿液回溅的方法有两个：减小尿液与马桶的冲击角度，降低冲击力度。前者对姿势要求很高，后者对盆底肌要求很高。让尿液在接触到马桶时，还是个完整的水柱，比断断续续的液滴，回溅要少很多。

我怎么看，都没懂他们的意思，对这个研究成果很失望，科学研究成果要普世，就必须化繁为简，否则无法惠泽民众。如果你研究的是大众问题，那你就要用大众化语言解读。我只能从我儿时和同学比赛谁撒尿撒得远的实战中总结朴素道理，不过似乎和科学家的结论并不相同。

打小开始，男孩尿尿不溅，只有三大诀窍：首先，慢尿，别太用力，以致急水四溅；其次，缩短鸡鸡到便池的距离，远易四溅，近则聚焦；最后，调整尿液落地角度，90度必四散开花，男人应以45—60度为佳。

虽然现在不如年轻时尿流有力，但核心原则任何时候都不会变，我总结了下这次失败的教训。第一点慢尿，完全符合，人近中年，尿流想急也无力急了。第二点显然是问题的症结，当用坐式小便时，尿液几乎贴着马桶内壁顺流而下，站式则战线过长，但以前用站式，咋没有问题呢？显然，是第三点的麻烦，因为角度不能随心控制在60度，乃自由落体导致。全面回顾了这次的不足，我重新调整了自己下次的小便方针，给自己定下了以"坐式为主，站式为辅，逐渐转换，循序渐进"的指导原则。在导尿管拔掉后三天的尿频期后，小便迎来了春天，终于走入正轨。

## / 大便攻略

术后第一天禁食，第二天和第三天都是流质，之后才能回归正常。因为前三天基本没吃啥，所以，小便易得，大便难求。护士每次进到房间帮我换吊瓶时，都很关切地问我："排便了吗？"我连续三天没有，非常内疚，觉得特别对不起小护士。护士很善解人意，看到我羞愧的神情，忙安慰我，一切正常，让我不要多想，只要有了，就告诉她。我暗暗下定决心，争取早排多排，以报答护士姑娘的恩德。

所谓"世间贞洁烈女入内宽衣解带，天下英雄豪杰到此忍气吞声"，前面已讲了，这次伤的位置不佳，开始的一段时间，小便只能采取蹲坐式。不像从前未有伤病时，都是因大而小，大便的时候顺带小便，现在，因为一上来小便就占用了大便的姿势，我只能期待可以由小而大，以小带大，顺流而去。

历经大便以后，才发现小便的麻烦不值一提。太用力，我怕伤口崩裂，虽非痔疮之苦，但毕竟是隔壁邻居，总担心城门失火殃及池鱼；但你不用力，根本啥都排不出来，马桶上坐得越久，心情越烦躁，还要担心久坐再搞个痔疮出来。

我反复寻找用力和不用力这两者的平衡点，多方探索后，轰隆一声天门开，一条黄龙冲下来。因为这次我并不属于"吃得多拉不出"的便秘之苦，也就没有那种"千呼万唤始出来，排空驭气奔如电"的气势，所以，生理快感有限，但一想到，只要拉出来，我就可以对得起我的小护士了，心理上，真有说不出的快感。

在蹲坐马桶时，我最怕的是下坠宝物直击马桶清潭，几声涟漪，水波兴起，浪花溅起，正中纱布，润泽伤口，万一感染，那就麻烦大了。尤其是马桶里的水位如果足够高，蛋伤就更容易沾到便池里的水。所以，非常时期如厕，我用的都是"意念排便法"。此法的要诀就是：坐下马桶，身体前倾，尽量让黄金宝物盘旋在马桶内里的陶瓷白壁处，并且暗暗用力，用意念让粑粑蜿蜒伸展延绵不绝。当粑粑触及谷底时，万万不能让它贸然断裂，万一撞击水面，那可不是闹着玩的。总之，要想象粑粑从体内出来的走势，不能让它轻易倒在水潭中。开始我认为这只是凭运气，但后来，我发现这其实是个可以训练的技术活。总之，我宁可在出恭后，多冲洗几次便器，虽然麻烦，总好过伤口沾湿的后遗症。不禁想起古时，姑苏人家所用马桶颇为精致，描金涂朱，闺房私用者尤甚，有作《黄莺儿》词曰：金漆铁箍腰，贴香臀，坐阿娇，浑似仰放中军帽，红兮兮小巢，黑绒绒细草，依稀谱出淋铃调，涤异味，夕阳影里，疏竹响萧萧。（末句乃吴侬软语，以竹枝洗马桶曰萧也。）

在下自创的这个"意念排便法"，源于"意念排气法"，就像恋爱时憋屁的道理一样。初恋时，为了给对方留下好印象，绝不轻易放屁。万一响屁憋不住，就用高声说话掩盖。最可恶的是闷屁，瞬间熏倒一片，只能略施嘴技，嘴型外松内紧，外表看不出，装作若无其事，实则内里吹气如兰，既不好意思让人发觉是自己干的，又想欲盖弥彰，尽快让味道散去。无论是响屁还是闷屁，为了避免这样的尴尬，万一憋不住时，人们常见的最雅致的做法就是借故离开，放完再回。可如果当时有种种原因，确实不能离开，就会努力憋屁，宁可有屁不放，憋坏五脏。但最危险的其实不是憋屁，而是憋了半天没憋住，最后一注气到底，那可真是赔了夫人又折兵。为解决这个问题，在长期实战中，人们就用"意念排气法"解决，也就是，实在憋不住，就用力控制括约肌，一点点地向外排放，尽量做到无声无息，每出来一点，就用嘴技让气尽快消弭，如此循环反复。

"意念排便法"吸取了"意念排气法"的精华，差别在于，排气时不能多，每次只能一点；但排便时，力求一注到底，但是又不能速度太快，免得撞击强烈而四溅。关于这方面的技术，需要结合避免尿溅的三原则，只要你将两者完美结合，相信很快你也可以掌握"意念排便法"的精髓。

这是我能想到在有限的条件下，既要完成护士交给我的任务，又遵从医嘱，确保伤口干净整洁无污染的唯一方法。

如果不用这个方法，那你只能祈求你没在医院，你没在马桶上便便，换个繁花似锦青草葱葱的美景。

日本作家谷崎润一郎在他的《阴翳礼赞》中曾经描述他一生中见过的最美的便便之处。那是一次乡野饭店如厕的经历，当他跨开两腿向下张望，只见几十米之下，遍布野草，粉蝶飞舞于下坠的粪便之间，下面还有油菜花盛开。便便如此，真是夫复何求呀。但，这和吾国元代画家倪云林的风雅比起，还差得远呢。倪大师每次如厕，都用大量的飞蛾翅代替细沙，置于壶中垫底，便落其中，不露痕迹。在现代著名诗人柏桦老师的《一点墨》中，还提到倪大师更夸张和鲜为人知的是，以大量雪白的鹅毛来掩盖自己的便便："便下，鹅毛起覆之，童子俟其旁，辄易去，不闻有秽气。"我只能一方面羡慕崇拜人家的风雅生活，另一面感慨，风雅的确是需要金钱做代价的。

终于，几番回合之后，我术后的第一次便便即将结尾。倒霉的是，呜呼哀哉，居然在卫生间里，怎么也找不到擦屁股的纸。前方卷筒纸轴空空如也，后方桶盖上如也空空。因为想趁住院期间安静下，写点东西，住院陪护的人被我赶走了。如果打铃叫护士来送手纸，觉得在护士面前不好意思，其实我想了半天，也没想明白，护士看见我的身体，为何我不会觉得羞愧，可送手纸与我，自己却无地自容。唯一可能的原因就是，在我的潜意识里面，会觉得身体是干净的，便便是污秽的。如果我自己都这么想的话，那我更有足够的理由相信，正在看这篇文章的读者里面，会有相当一部分人不适应，觉得为何笔者可以如此大言不惭地讨论"屎屁尿"，其实我的真实想法是：这些都是存在于我们每个人身体上最真实的部分，我只是一个历史的记录者而已。

我在马桶上端坐了十分钟，想了各种方案，都不可行。撅着屁股移到房间内取纸巾，若在家中，早这么干了，但现在行动不便，真要命。古代笔记中，也没见到哪个古人如厕后无纸，用手指擦后再洗，在现实生活中，我相信一定会有，但这种行为，感觉像原始人返祖，不到万不得已，无计可施，我觉得光想这个画面，都会崩溃抓狂。

古代人没纸，元朝前都用竹片或木片擦屁股，皇帝也不例外。但竹毛刺多，不够光滑，常伤屁股，大煞风景。《南唐书》就有记载南唐后主李煜亲自动手削竹片以供僧徒如厕使用，还用面颊检验竹子是否光洁滑爽。在《如毗尼母经卷》里，也详细记载了如来佛祖制定的比丘如厕规矩。其中有一段就是：便便时，要慢慢撩起衣服蹲下，不能突然唰地一下就把身体暴露出来。拉完，只能用木头、竹子或苇刮干净，不许用石头、青草、土块、软木、树叶擦。

我看了看卫生间四周，石头、青草、土块、软木、树叶，俱为奢侈品，踪迹全无；我看了看盥洗台上没开过封的新牙刷，也许可以打开后，用衬垫的长条硬纸板像古人一样刮干净，这样会不会太疼了？我看了看挂着的毛巾，也许可以用毛巾擦净以后，再把它消毒洗干净，这样会不会太不道德了？毛巾扔掉，就当是自己花钱买条毛巾救急好了……此刻，我最大的梦幻是可以有个小鹅突现在眼前。在 16 世纪法国杰出小说家拉伯雷的《巨人传》中，主人公说过这样一段话："所有擦屁股的东西，什么也比不上一只绒毛丰满的小鹅，不过拿它的时候，须要把它的头弯在两条腿当中。我以名誉担保，你完全可以相信。因为肛门会感受到一种非凡的快感，既有绒毛的柔软，又有小鹅身上的温暖，热气可直入大肠和小肠，上贯心脏和大脑。别以为极乐世界的那些神仙的享受，只是百合花、仙丹或花蜜，他们的享受其实就是用小鹅擦屁股。"

在打铃的犹豫、无助的等待和幻想的小鹅混杂的当口，门突然被推开，护工阿姨的声音响起，我的救星终于来了。和阿姨要纸，我一点都没觉得有啥不好意思的。我突然想起来，前面那个"为何让护士送卫生纸会不好意思"的困惑，终于找到根源。其实只有一个原因，我对阿姨毫无企图，我对小护士少不了有暧昧的勾搭之心。虽然很遗憾从未有过实质性的举动，但心里有鬼，总觉得在个姑娘面前要卫生纸，既无文人儒雅，也不江湖豪情，而在老阿姨面前，全然没有这样的顾虑，正所谓"无所求则无所惧，有所求则有所忧"。

我看着马桶里自己排出的便便，离我心目中真正的好粑粑相距甚远。我所理解的粑粑，最高境界，至少应该具备"金光条条、貌似蕉黄、粗细均匀、微臭无熏"四大指标。因为这几天我没吃啥荤的，粑粑闻起来像刚腌过的咸带鱼，味道适中，这个指标还算勉强过关；在色泽、软硬和形状这三大指标上，都有巨大空间可继续精进。但毕竟，这是我术后的第一场便便，是个好的开始。

> 1961年，意大利艺术家皮耶罗·曼佐尼，将自己的大便装到90个罐头里密封，每个罐头中装有约30克的大便，罐上都有皮耶罗·曼佐尼的亲笔签名以及独一无二的编号，创作出90罐"艺术家之屎"。他打算自己死后，每克大便按黄金的市场价格来卖，而且这些作品每年还要随金价上下浮动。30岁的时候，这个艺术家死掉了。在他死后44年，2007年，编号18号的"艺术家之屎"，在苏富比拍卖会上拍出12.4万欧元，约合人民币150万。简而言之，他的1克粑粑＝200克黄金。

当时，那个艺术博物馆的女发言人是这么说的："他的这件作品对20世纪艺术的许多问题进行了探索……是一件开创性的作品。"我真的真的真的很哈哈哈，能说什么呢？收藏者的心态，是我们这种不懂收藏的粗人一辈子都不明白的。我看有些艺术家在张白纸上随意画了三根线条，就拍卖了几千万美金，再看看我自己女儿的涂鸦作品，艺术气息都比那几根线条要好上千百万倍，这说明什么呢？要么说明我不懂艺术，要么说明名人效应真的牛逼，要么说明我在嫉妒人家。

现在，如果有人愿意出十分之一的价钱买我的粑粑，不，百分之一的价钱也 ok，算了，千分之一，定下来了，如果有人愿意出"艺术家之屎"千分之一的价钱买我的粑粑，我即刻就卖，绝不食言。我会从刚才拉的便便中，精挑细选，颜色不是暗黄的不要，形状不成条的不要，太粗的不要，太细的也不要，味道太强的不要，无味的也不要，一切都按特级粑粑的标准，绝不偷工减料。全球只此一份，绝不复制。这样对买家才算是既公平又厚道，既彰显独特珍贵，又给人家留下未来升值的空间。

我看了自己潜心拉出来的粑粑好一会儿，刚想冲掉，转念一想，不行，就算我的粑粑卖不出什么好价钱，就算我的粑粑根本不可能名垂青史，别人可以瞧不起我的粑粑，可我自己也一定要瞧得起，好歹，总得留下一个念想。于是强忍住疼痛，一步步移到床头旁边，取出手机，再重新一脚脚地将自己拖回到马桶旁，就那么几米的路，我像走了有一个世纪那般漫长。

回到马桶边，看见粑粑还在那里岿然不动，神采依旧，并没有因为深浸水潭而被稀释得散开。我努力站着，双腿颤抖，举起手机，对准马桶，连拍了三张富有历史意义的照片。刚想冲掉，一想，还是不行，就这样冲掉了，又有谁知道这是我的粑粑呢？口说无凭，立照为据，再来一次。我使出两倍吃奶的力气，让自己尽量把腿叉开，其实本来就是叉开的，只是为了方便做之后的动作，我尽力叉得再大些，免得伤及蛋兄。我扶着墙壁，身体转了 180 度，缓缓蹲下，把头尽量靠近马桶，左手死死抓着输液架，右手举起手机，瞄准镜头，露出手术后难得的发自真心的微笑，"咔嚓"一声，人便合一，一次成功，拍下了我此生最变态的一张自拍照。

我再次在痛苦中爬起，恋恋不舍地端详了最后一眼，狠心按下马桶的按钮，目睹旋转的水流连同这个了不起的粑粑一道烟消雾散，良久，沉浸在自拍的喜悦中，我终于可以向小护士有个交代了。

# 12
# 食补

.
.
.

壮阳秘方，人见人爱

住院时，医院里配的餐食是标配，虽说我是个对吃没啥讲究的人，但毕竟伤的不在别处，休养生息期间，还是会想想是否也该搞点食补，情不自禁地想起我妈从小就让我多吃韭菜，多喝牛蒡水，看来她老人家还是很懂得男性养生的。

照《中国古代房中术》的指引，传统的壮阳药就来源或成分来说，主要分矿物、人体分泌物、植物和动物四大类。

## / 矿物类

帝王的长生不老和闺房夜战的炼丹术多数都用这些。汉朝张仲景发明的"五石散"，就是典型的矿物类壮阳，用石钟乳、朱砂、赤石脂、紫石英和硫黄五种矿石入药，性热，有壮阳奇效。结果，魏晋玄学开创者之一的何晏以此壮阳，活生生把一表人才给弄得面色枯槁；魏晋地图学家裴秀久服，寒热中暴卒；诗人韩愈想了个高招，用硫黄等壮阳药物拌入饲料喂养童子鸡，待鸡长成，不让它与母鸡交配，即烹杀，每天吃一只壮阳，最后了不起的韩诗人自己终致绝命！大儒尚且忍不住自戕，死在纵欲，一般人可想而知。

## / 人体分泌物类

古人认为，天地阴阳，阴有三宝，一为女子的唾液，男人咽下，可以左填玄关，右补丹田，生气生血，称"红莲峰"；二为女子的乳汁，在晋代葛洪的《抱朴子》里，已被提到过。明代人认为，女人乳液可以养脾胃，益精神，也能使女子经脉相通，身心舒畅，称"双荠峰"；三为女子分泌的爱液，称"紫芝峰"。三者相加为"三峰大药"。

还有比较特殊的，是用童女月经及童男尿液炼成的红铅丸与秋石散，它们反映了人们想从生命力旺盛的童男童女身上撷取青春之泉的意图。

我盘算了一下手头的资源，没有直通皇宫的关系，也没有机会结识对养生有兴趣的化学教授，所以，分泌物和矿物这两大类，我还是想也不要想了，只能留待以后有机缘到穿越剧中体验。而动物类比如牛鞭啦，动物的精液和阳具；植物类，比如人参，各种深山峻岭的草木，寻常百姓搞一点儿，难度该没那么大。

## / 动物类

医生告诉我，蛋蛋手术后，补蛋蛋可以多吃各种高蛋白的肉类，还有什么羊肾、猪肾、狗睾丸、牛鞭、鸡肝等一些富含性激素的食物，还可以吃一些动物的睾丸来增强性功能。

古代，印度群众喜欢的是山羊睾丸与牛奶同煮至沸，趁热饮用；法王路易十四的情妇蒙泰斯达为了讨路易十四的欢心，一直给他服用的是焙干公鸡的睾丸粉；2014年情人节，英国的一位糕点师傅还做了催情馅饼，售价7.99英镑，馅饼的主要成分就是公牛睾丸。

这种"吃鞭补鞭，吃精补精"的思维，也就是传统的"以形补形"术。在中国，因为驴子的阳具特别长，雄海狗能"一牡管百牝"，所以两者都特别受到喜爱。又如蛤蚧（一种壁虎类的动物），古人认为性淫至极，发情交尾时缠结成对，经日不散，尤其是成对者更为珍贵，用来泡酒，酒成碧绿色，可壮阳大补。而古罗马则以非洲的土狼阳具和阴蒂来壮阳，因为母土狼的阴蒂特别粗大，像根假阳具。另外，像牡蛎这样精液般黏稠的东西，大家都公认具有壮阳作用，所以，朋友去烧烤摊聚餐，女性总是推荐男性多吃烤生蚝，并且常常对视一笑，谦虚道"我们不用，你们男人应该多吃点"，看来，大家心中都很有数啊。

明朝弘光年间，朝天宫道士袁本盈进献壮阳秘方。方法是先用人参喂羊，再以羊喂狗，然后将狗肉切碎，拌入草中喂驴，待驴子交配正在勃起时，一刀割下它的阳物，经过烹调再献给皇上。就这一个药，袁同学因此被封为太常少卿，算是那时国家宗庙祭祀总局的副局长，堂堂正四品的官。

人可以吃动物的蛋补，殊不知，动物也吃人的蛋补，所以想起来有蛋蛋可以吃，我就一阵紧张，胸口翻滚，生怕我的蛋蛋被别人吃掉。这样的想法也不算啥空穴来风。

几年前，在北欧海域发现了20厘米长的切蛋鱼，科学家说是由一些喜爱饲养奇异鱼类的人从南美带来，发现鱼缸养不下，只能放到海里，然后就要了命了。这鱼算是食人鱼的一种。长相凶恶就算了，关键是特别喜欢跟随男性游泳者，是男性喔，趁其不备突然撕咬他们的蛋蛋，然后整个吞食下去。在国内，也有类似的事情，当初贵阳某公园放养过一群野生猕猴，结果一个8个月大的男婴跟他娘在公园逗猴后，就在旁边换尿布，谁知，一只猴子冲过来当场扯掉小孩的蛋蛋，端详了片刻，才放进口里大嚼起来。记住，这里的重点是，猴子还饶有兴致地观察了半天人类的蛋蛋。

这两件事情听完，我的直接反应就是：绝不在除了泳池以外的地方游泳；没事别耍猴，小心被猴耍。

我突然想起，很多年前我有个广州女友，她妈常炖鸡蛋蛋（鸡睾丸）给她爸爸吃，我当时不能理解。她说她爹在塞尔维亚工作过两年，那里的人们视动物睾丸为美味佳肴，通常把动物的蛋蛋称作"白肾"，认为蛋蛋内含有丰富的睾丸素，有助男人的雄风直达飓风而丝毫不减。那里每年还举办睾丸烹饪节，向世人展示蛋蛋不仅营养丰富，而且做菜是多么的好吃。我听了后，暗下决定，要尽快去趟塞尔维亚，赶上这个蛋蛋节。

我想当然地认为医院里这种事经历得多了，肯定人家很有经验，根本不需要我自己开口，各种准备当是应有尽有。我不好意思和护士说，有一天趁她帮我拿药的时候，故作镇定，声音纤细地一带而过："这里的餐食有鸡蛋蛋吗？"就这一句话，此后，我每餐必有炒鸡蛋，我哭笑不得，只能无奈吃下去。

和来探视的朋友讲了这个渊源，朋友说："小乐子，你还是孤陋寡闻呀，那是因为医院食堂里的大厨并不知道如何用鸡蛋做出壮阳的效果。"我一听，耳朵比蓝精灵还竖得高，赶紧贱贱地表示出急迫的愿闻其详的表情。朋友故弄玄虚了好一阵，才抖搂出自己的书袋。原来马王堆汉墓出土的《养生方》中有"麦卵"章，内有三个中国最古老的壮阳药方，主料都是鸟蛋。其中之一是"春日鸟卵一，毁，投糵糗中，丸之如大牛虮，食之多善"，意思就是，春天打碎一个鸟蛋，拌在炒米粉里面，弄成像牛虱子那么大的肉丸，多吃有好处。

哎，古人真有文化。


## / 植物类

不像动物药材的选择主要是吃啥补啥，植物药材的选择，主要看是否形似性器。比如中国的何首乌，是种蔓草，一到夜晚，雌雄就交缠在一起，直到清晨太阳出来前才分开。据说古代有个何公煎服此草之根，七日后性欲爆棚。奇特的是，在西方，好像也是一样，形似不似直接影响到效能如何。兰花和曼陀罗都是壮阳的好东西，那也是因为兰花（orchis）根类似睾丸（睾丸炎的英文 orchitis 由此而来），曼陀罗貌似阳具。

更奇妙的是，我看过一个关于非洲象人族的新闻。是说该族男人的阳具长得如象鼻，平均30厘米长，勃起后56厘米，睾丸有鸭蛋大小，精液量平均值为95毫升（纸杯半杯），堪称世界之最。2005年，南非国家科学院与WHO联合成立了男性性功能障碍及男性特征二次发育科研课题组，进驻文达地区，研究象人部落男性性特征二次发育问题。3年后，英国皇家科学院首席医学院士悉尼·布雷内院士成功揭示了象人族巨大阴茎的秘密——因为他们的饮食习惯中使用一种当地特有的野生植物kuba和rados。这两种植物中含有大量的睾丸活性能量素。其中rados尤为神奇，树根似男性生殖器，类似中医里的形补理论。当地世代食用，但因数目稀少，又盛行一夫多妻，这种珍稀的补肾壮阳植物只有酋长才有权力吃。并且当地酋长都有几十个老婆，夜夜欢歌，丝毫不影响健康，而且好多酋长都是60多岁，健康如青年。

看来古今中外在这上面的追求和基本原理都差不多。

林嘉莉是我在《我是演说家》第二季里的学生，开了家"林奶奶炖汤"连锁店。得知我生病，要来看我，我说你别来了，我在医院里没汤喝，你人甭来，汤来就好。她问我想喝啥，我说你那一堆清单，选择太多，我不知怎么选，你看着办就好。后来发现她每天两次，每次送的都是同一款——十全大补汤。我很好奇地问她为啥不给我换换口味，总给我补补补，她说："乐老师，现在的你最需要的就是这个，这个汤的核心功效就是补肾壮阳、温补气血。"我担心她想把我补死，跟她说了个故事。

在《万历野获编》中有记载，有种海狗肾，取材自山东登州海中的海狗，但假货太多，试验的方法就是牵条母狗趴在上面，原本枯干的海狗阳具如能立即挺举，就是真货。张居正做宰相的时候，晚年蓄了无数填房，无法雨露均沾，就希望服用些壮阳的补品。然后，山东人戚继光就奉献了很多正宗海狗肾。张居正用后即刻有了奇效，但后来发热病，寒冬时都热得戴不住貂帽，文武百官在冬天上朝，虽然有皇上赐的暖耳皮帽，但张居正不戴，大家都不敢戴。后来，张居正竟因此病而热得一命呜呼。

我说完故事以后，问她，你这汤喝到最后，不会把我热死吧。她说，乐老师，你知道得太多了，汤里没有海狗肾，都是中药。

我问她里面放了些啥，她说巴戟，杜仲，淫羊藿，北芪，党参，干淮山，枸杞，桂圆肉，肉苁蓉……我听晕了，让她告诉我最重要的成分。她认真地讲了两个名字，"肉苁蓉和淫羊藿"，我认真地听，虽然自己孤陋寡闻，没怎么听过，不过还是严肃地告诉她，第二个药材的名字起得真好，"淫羊藿"三个字听上去就像西门庆的亲戚，该是好东西。

她说，淫羊藿的重点是在"羊"，不是"淫"，是一种著名的强精药草，是四川人民看到羊吃此草，日可交合百次，于是虚心习之，取长补短，所以取名"淫羊藿"。《草本正义》中记载的是，"淫羊藿"味辛性温，专补肾阳，而且列举了柳宗元的客户反馈，传说柳诗人当年被贬到永州时，那里偏僻贫困，冬冷夏热，不久疾病缠身，用了淫羊藿，就像年轻人一样身形矫健。

这个故事显然太白开水，听得我意兴阑珊。在《演说家是怎样炼成的》一书中曾提及，我教人演讲时，经常对学生说，好的故事，你要么告诉我这个宝贝吃了后，解决了他不举的痛苦；要么你告诉我服用这个宝贝后，弘扬他久战的骄绩，非如此，单凭身形矫健这几个字，一点都不能打动人。而且我觉得"羊"这个字很稀疏平常，如果羊不吃这种草，就不可能成为"淫羊"，而人们其实并不关心"羊"本身，关心的是"羊"怎样成为一头"淫羊"。

　　林嘉莉又和我讲沙漠人参——"肉苁蓉",中医叫"地精",极其名贵,是历代补肾壮阳处方中使用最高的。地精? 这名字好生奇特。不知河南特产铁棍山药,是否有得一拼? 我问她你听过山药的段子吗? 河南焦作有一特产叫铁棍山药,记者前来采访山药的功效。记者:这种山药有什么好处? 老农:男人吃了女人受不了,女人吃了男人受不了。记者:如果男女都吃了会怎么样? 老农:床受不了! 记者:这么好的东西怎么不大力种植,发财致富啊? 老农:种多了,地受不了。林嘉莉无奈地说:"乐老师,除了性格色彩,您要多点基本常识,药补和食补根本没有可比性。在《本草拾遗》中曾明确记载:肉苁蓉三钱,三煎一制,热饮服之,阳物终身不衰。"

　　终身不衰!!! 我耳朵一亮,总觉得这味药好像哪里听到过。遍寻资料,终于发现,原来它是一个重要的参照物。

　　我头一次听到"肉苁蓉"这个名字,是在一本记录元朝历史轶事的小品笔记《辍耕录》中,但不是作为主角,而是作为参照物被提出的。古代在蒙古,野马和蛟龙交配,精液流出,渗入地表,时间久了,就长出样东西,上丰圆,下瘦直,筋脉联,模样就像男性阳具,当地称为"锁阳",和"肉苁蓉"属于同类。古代,某些性欲巨强的女子,有时居然会发生与"锁阳"交合的情况,而此物一得女性阴气,就会怒胀。当地土人也常挖掘"锁阳",洗涤去皮后,切成薄片晒干,当做一种壮阳药,其药效好比"肉苁蓉"。你看,这个锁阳好厉害哦,这么厉害的东西也要拿肉苁蓉做参照物,由此说明,"肉苁蓉"一直是行业标杆,应该是好东西。

　　还有隋朝蜀郡太守吕敬曾发明过一个叫"秃鸡散"的东西,他七十岁吃了后,生了三个儿子。用肉苁蓉+五味子+菟丝子+远志各三分,蛇床子四分捣碎过筛为散。这个名字的由来是,此物喂食公鸡后,即跃于母鸡脊背,且战且抓母鸡头发,直至秃顶尚不罢休。后来,向做中药批发生意的朋友一打听，真是神了，几样东西里面，淫羊藿易得，肉苁蓉难求，盖因前者割掉还可以再种，后者挖得越来越少，是好东西。

　　既然有这两样宝贝掺和在她每天送来的神汤里，我突然信心倍增，每顿喝汤的时候，都幻想着"金枪不倒"的那天快快来到。我很清楚，从现代医学的观点来看，并非所有的药物一定都有真正的药理作用，很多药物的功效主要来自于象征意义或心理联想，但对于我这样一个在沙漠中行走、对前途迷茫的患者来讲，这汤有它的象征意义就够了。

# 13
# 交心
·
·
·

尊重隐私，信任好美

## / 别把他人的苦难当成自己的快乐

给我主刀的徐教授先前在男性科工作，遇见的男性就诊者，多是哀叹自己的武功今不如昔。面对这样的来客，他都是凭借谈话来化解对方的心理问题，大不了，开粒伟哥搞定，少有展示他刀功的机会，这让他始终觉得自己的工作没啥成就感。对他这样喜欢捣鼓专业的知识分子而言，能在手术台上用刀解决问题，相比仅仅用嘴巴聊天解决问题，更觉成就蜚然。

随着每天的查房聊天，和他越来越熟。当我的"睾丸撕裂术"的手术单被内部人员泄到网上后，我蛋兄受伤的个人隐私，瞬间被世人皆知，医院随之而来也遭到了巨大的舆论压力，他们既不知道怎么会发生这样的事，又担心我作为患者会找医院拼命。院领导很看重此事，赶紧给我调换了房间，并且多次亲自表达了在此事上管理不周的歉意，而徐教授作为领导陪同，也一起探望病房。他无奈地和我说，因为手术单上有他的名字，所以，他自己也莫名爆红，被网友人肉，防范不及。全国无数的同行纷纷向他和我的蛋蛋表达了问候和关心，可他既不能透露病人隐私，又不能不理会他的朋友们，最后，只能装聋作哑，咿呀嗯啊。

我告诉他们，已经发生的无法挽回，就让此事过去吧，以后医院内部应该学学性格色彩，我几乎可断定，这事是一个做事缺少分寸、喜欢分享的红色性格干的。如果能让此人明白，开玩笑时要小心，不要把他人的苦难当成自己的快乐，并且警醒众人，就够了。很多时候，我相信人们都是无心酿祸的。为了打消医院的顾虑，我跟他们说了个故事。

　　几年前，我去某五星级酒店住宿，房间送餐后不久，有人敲门，我打开一看，差点晕倒，几个粉丝手捧鲜花簇拥在门口。我完全不知她们是怎么知道我的房间的，也许是受过克格勃训练，在楼下大堂瞄到背影后，要么通过前台，要么通过酒店监控，搞到我的房间号。好在，这几个姑娘在表达了一番激动，而我也和几位合影后，她们就眼含泪光地先离去了。不幸的是，不到五分钟，又来了一个人，手里拿着本书，说得知我住在这里，特来求签名，在我答应给他签上十个名还外加一个拥抱后，终于从他那里得知，因为在网上搜到我的一张点餐单，特地飞驰而来。原来，刚才房间送餐的小弟，为了炫耀我的签名和刚才见到过我的真身，就把打印着我名字、房间号以及点餐的餐单连同签名，拍了张照片，一同发在网上。我愤怒至极，一个五星级酒店的员工居然做出这样有违基本职业操守的事情，真的很过分。对有些粉丝来讲，也许会觉得这个上传我隐私的小兄弟是英雄，是网络上分享信息普济天下的豪杰。没有他提供这个消息，那些可能喜欢我的朋友们根本不知道我在哪里，也没法找到我，可我必须遗憾地告知，这的确给我的生活和工作带来了巨大的麻烦。

　　我直接打电话给酒店总经理，投诉了此事，表达了对这家跨国品牌酒店管理集团的失望，并且退房，换了酒店。我告诉老总，我打这个电话不是希望将此人严惩，而是希望酒店可以"以铜为镜，以史为鉴"，好好给员工做培训。第二天，有个不知名的网友在网上哀怨地将我痛骂一顿，大意是，一个喜欢你的男孩就是因为喜欢你而丢掉了工作。我这才反应过来，这个新来的实习生，在我离开后，已经被酒店解雇了。

　　得知消息的刹那，我心里很不舒服。当时打电话给酒店老总，只是作为一个客人，想投诉酒店给我带来的无数麻烦，对主要是红色性格的我来说，的确很生气，但这个员工被炒，已经无法弥补造成的麻烦，反会让我感受到莫名的压力，觉得别人丢了饭碗都怪自己多嘴。这并不像我那些黄色性格的朋友，黄色认为每个人都该为自己的错误付出相应的代价，此人如果因为此事被辞退，短暂看，可能他会不舒服，但从长远来看，这个代价会帮此人改掉不顾他人感受胡乱炫耀求赞的烂习惯，对此人的一生来讲，是大大的好事。

当我得知我的手术单被拍摄上传到网上，我的第一反应就是——酒店送餐小弟又来了！

一个医院内部的小朋友，也许只是出于分享八卦的快感，就那么随手一发，给患者和单位都带来了很多不必要的巨大麻烦。在那一刻，也许当事人并没想到，就这么一下，会造成那么广泛而深远的影响；当事人也许更不会想到，尊重他人隐私是基本的社会公德。如果他想到了，也许他未必会做。问题的麻烦就是，对于"隐私"的界定大家很模糊，尤其是，很多人似乎真的认为公众人物不该有保护隐私的权利，觉得只要你是公众人物，你的一切都应曝在世人面前。

这样的事，并不少见。无数次，我已体验过，很多喊着粉丝爱偶像口号的朋友，即便我流着鼻血，鼻孔中插着纸巾，即便我脸上长着巨大的脓包和疤痕，羞于见人，这些朋友们也依旧是孜孜不倦地环绕在周围努力求合影。我满怀歉意低三下四地恳请，形象丑陋，不便合影，请手下留情。但这些朋友依然不屈不挠，并且大声疾呼，"我觉得你这样很好看啊，不合影就是瞧不起粉丝，不合影就是耍大牌"。然后言之凿凿，"今生就这么一次机会难得啊……"最终的结局，我很清楚，只有两个：美好的结局是，在网上痛骂，"今天见到死光头，有什么了不起"；悲催的结局是，把你丑到爆的一个合影放到网上，然后说，"哈哈，今天看到那个谁谁谁了"。虽然呢，我长得也不咋样，此生也从没想过靠颜值吃饭，但还是有点基本的美丑观，你把你那么美而我那么丑的样子放上去，只是为了满足自己炫耀见了个明星的心态，哎，好像不算太厚道。

我说这话，几可断定，还是有很多人不认同，心里想，你别矫情了，做明星多好啊，如果有人和我合影，我巴不得合呢！我想对这些朋友说句话，不是所有的时候，你都希望全世界都知道的。你蛋碎的时候，真的希望全世界都知道吗？如果你每分每秒，无时无刻不希望你的一举一动都展示在世人面前，不敢说你有暴露癖，只能说你对"被关注"有变态般的狂热和渴求。

六年前，我在欧洲自驾，路过德国一个小镇，路边的沙地上有儿童滑梯，刚好是红蓝黄绿四种颜色，一个小丫头围着四种色彩的滑梯奔跑，真是巧妙，意趣盎然。我赶紧过去，蹲下来拍了几张全景。等我站起，大事不妙，对面酒馆里跑出来一个西装儒雅男和一个秃头文身汉，先把女孩召唤回酒馆，然后用跟电影里意大利黑手党成员互殴火拼前一样的步伐直接走到我面前，包围住我，眼冒凶光，指着我的相机呜里哇啦了一堆。我半天没反应过来，最后才猜到该是他们对我居然敢拍摄孩子的愤怒，我回了两句蹩脚的英文，他们似乎没啥反应，索性不管了，就用中文开讲。我诚挚地告诉他们，我要拍四个颜色的滑梯，不小心拍到了你那个美丽的女娃，可不管我怎么解释，他们依旧要和我拼命。我怕自己的命拼死在沙滩上，打开相机，在他们的严密监督下，认真删掉了刚才有女娃镜头的每一张相片。事后，我打电话给德国的朋友，朋友警告我，这里和中国不一样，老外极其注重个人隐私，不要说孩子，即便是成人，在没有得到允许的情况下随意拍照，都会感觉自己被侵犯。

这事过去这么多年，依旧历历在目。文化差异实在太巨大！我做梦都想不到，随便拍张照片，都差点引来杀身之祸。

我说以上这些，是想强调：第一，有时我们不带任何恶意的行为，有可能会带来不善的结果，我的经历，其实只是大千世界各行各业的缩影，我们每个人都要警惕，是否自己会因这样不经意的举动而伤害了他人；第二，虽然东西方文化上有差异，民众的理解和接纳需要时间，但终有一天，我们都会认同，如果我们希望别人理解和尊重自己的隐私，我们每个人都该学会理解并尊重别人的隐私。

## / 丑话说在前

没人的时候，我和徐教授有场交心。

我对徐教授笑着说："兄台于泌尿领域之专精，圈内虽早已蜚声赫赫，但世人未必知晓。可经此一战，君已闻名于江湖，即便想大隐于世，网络时代，恐已无法逃脱。此战后，徐兄之荣辱，必与吾之蛋兄息息相关。百日后，若吾之蛋兄强，长驱直入，所向披靡，功力不退反进，则兄台必门庭若市生意隆；若吾之蛋兄弱，意兴阑珊，萎靡不振，战斗偷工减料，则兄台必门前冷落车马稀。"

徐教授很无奈，但想想确是这么个理，遂语重心长地说道："长期以来，我看重的是在病人中的口碑。我始终认为医患之间像是共同面对疾病的亲密战友。因此，对于这事给你造成的病痛之外的影响，我深表歉意。这种所谓的名气不是我需要的，也不是我所期望的。如你所讲，不管怎样，我们都连接在一起了。"

我对他说："额外生出的事与徐兄无关，不必自责。反正，我的蛋未来的好坏，已和兄台的职业生涯终身捆绑，一损俱损，一荣俱荣，我很高兴，下半辈子蛋兄的健康终有着落。徐兄周遭，若有父子不亲、夫妇不睦、朋友不和、事业不顺、情感不畅、自信不佳、演讲不力的情况，均可找我。除性事不调，在下无能为力，属兄台掌控，但凡心事一途，小弟专精性格色彩和演讲心法十余年，总有办法一二。如需效劳，但请发话。"

这话说得像是我一直在给自己的蛋蛋找后路，如今大事已定，终有了交代，我也可以功成身退，告老还乡了。

出院以前，我又想到些问题请教他。

我问："可以坐飞机吗？"

他答："蛋蛋内外的压力是平衡的，高空不会爆炸，坐飞机可，打飞机不可。"

我问："可以洗澡吗？"

他答："半个月后可，继续半个月只能冲不可搓，切记，搓时打飞机不可。"

我问："可以运动吗？"

他答："床下运动，轻微的可；床上运动不可，打飞机不可，别人帮着打也不可。"

这段话意味着，术后百日不仅禁止交合，而且杜绝泄精。他担心我风华正茂的大好年龄，熬不住思春之苦，犯下终身悔恨的错误。我告诉他，自打步入江湖后，难得有这样心无旁骛潜心修行的机会，何况，按照中医的说法，元气之本重创，一年之内都不可动心起念，现在，只需百日禁闭，已是恩赐。为免生事端，自寻烦恼，自即日起，我会将原来喜爱吟诵的《天地阴阳交欢大乐赋》换成默念《太上老君说常清静经》。

对我出院后未来伤口的走势，徐教授保持谨慎的积极乐观。但有件事，他丑话说在前。这句话就是：由于色素沉着的缘故，未来受伤蛋蛋的颜色会比伤前更深。

我听到这个消息的时候，激动地问他："会不会深到和黑人的颜色一样？会不会像乌金的颜色？"

他摇摇头，显然不知道我说的乌金是什么。那是黄易的武侠小说中绝世兵器的原材料，据说只有西域出产，表面暗沉，力大质硬，无坚不摧。教授被我对武侠的酷爱给惊呆了，遗憾地告诉我这个愿望恐怕无法满足。

其实，我问这个问题，是想让他读懂我的心，颜色变不变我根本不在意，除了我自己和与我过招的那人会看到，还有谁会看到？尼采曾有名言传世，说"太阳是我胯下金灿灿的睾丸"，借用一下，其实我想说，"太阳是我胯下碎过的黑黝黝的蛋蛋"，这不过是为了表达我对色泽的态度，就算全部乌黑，那又怎样。

不过人性真的很奇怪，有贪得无厌之嫌。后来，在恢复过程中，我曾有两三次小心地向教授和医生提及恢复后的色泽问题，他们都说我现在的颜色是正常的。你看，人就是这样，在不知蛋蛋安危的情况下，只想着怎么治好，颜色压根不考虑；可一旦知晓蛋蛋安然无恙，就得陇望蜀，希望色泽也能回复如初。这和炒股票如出一辙，股票暴跌时，恨自己怎么不早早抛出，只要本钱能回来就够了；可真的老本回来时，又在想，别人的本好像也已经回来了，现在跑掉，多可惜，能再赚一些就好了，结果又被套进。

因为过去悲催的一年在股票上被沉重打击，让我几年的心血全部白干，所以，蛋蛋这事我学乖了，蛋蛋颜色的事，都是天数。我已经想过了，如果以后有人在用我蛋蛋的时候，对我的蛋色流露出惊诧的眼神，不待她说话，我就先开口："怎么样？没见过吧？磨难后的成色。"这招就叫"在你对我下手前，我先对自己下手"。

## / 信任真美

在和徐教授聊天之余，我常有各种问题层出不穷，没事就会发短信骚扰。先前他和我说的丑话，我从未担心，可我却有另一担心。有个湖南的性学专家文德元教授，记者采访他时，对我表示了巨大关怀，担心我受的最大伤害可能除了"不育"还有"不举"，因为好多人术后雄性激素分泌少了，会产生心理问题。

我有心理问题？嗯，这可是个大问题。可我要百日之后才能实践，心理到底会不会出问题，要那时才能验证。我心想现在要把它搞清楚，只能找老徐来问，就和他开聊短信。

我问徐教授道："你认识我这些时间，觉得我有心理问题吗？"

徐教授乐呵呵地回道："我看你写的那几篇文章，心理那么强大，就知道你不会有任何问题。"

想不到那几篇文章，居然让人们误以为我是强大的。我忙回道："那是我装出来的，其实，我内心很脆弱，刚出事那时的我，蛋蛋被世人谈论，除了自嘲，还能怎样呢？"

徐教授显然不相信我讲的，继续说道："我看得出你的脆弱。当时，你一直关注在一个问题上，就是万一切掉怎么办？所以在那反复问，如果切掉一个，会有什么后果？会影响性吗？会影响生育吗？我当时印象最深的就是，当一个人面对身体的意外时，是那么的脆弱，哪怕是像你这样坚强的智者，亦无法逃脱。可我当时不能给你任何保证，因为做不到的不能许诺，答应的就必须要做到。"

他说的最后一句话，关于承诺和兑现，在和他交流的过程中，多次强烈地感受到，结合他和我交往时一直不喜怒形于色，说话保守等诸多风格，我觉得这次我遇见了一个蓝色性格的医生。我愣在那里，在想着如何回应。他又发来了一条："你非常乐观，这一点与脆弱无关。你让我看到了在那一刻，你的脆弱与你的外表不符。"

我大感兴趣，忙问："你怎么看出来的啊？"

他很淡定地说："你对于性功能到底会不会受影响，内心比较恐惧。当时的你，传递给我的最强烈的信息是，一定要保住蛋蛋。当时我的判断是，保住希望很大，但没百分之百，不能许诺，医生会把事前预期压得很低，这样对于术后康复是有巨大好处的。双方都要互相信任，不只是病人信任医生，医生也要充分信任病人。"

接着又道："其实我也很感激你对我的信任。这对于医生而言，是一种巨大的满足。"

我开始装傻道："我怎么让你感觉信任你了呢？我自己都忘记了。"

他认真地回复："选择了我，就是一种信任。"

听他这么说，我故意刺激他，想看他怎么回应。我故意发了一条很夸张的表情符号："哈哈哈哈，不选你，当时也没得选啊，都是天意啊。"

徐教授，一点玩笑都不会开，严肃地回复我："或许这是事实，在那一刻你别无选择，但对我而言，从不这样认为。我要对得起这份信任，要尽我所能让每一位选我的病人不后悔。"

我悻悻地道："兄台你像在说什么宣言，搞得那么正式。"

我感觉他对于我的调侃似乎毫无感觉，抑或，明知我在调侃他，但他性格的惯性，还是让他不得不这么回答："有时候我也觉得说出来别人会觉得假，但的确是我多年来的感悟。"

我理解他是这样的人，把话接到前面我担忧的话题："如何衡量我现在是恢复还是没恢复？和其他人横向对比，你觉得我的脆弱指数有多少？"

他这次答得很干脆："我认为你已经完全恢复了，接下来的事情只是要适应曾经有一段可怕经历这个事实。能把一段可怕的经历变成一段有趣的经历，正是我所佩服你的一点。"

我希望给他更深的刺激，这样他才能够给我更多的鼓励。于是问他："我会不会以后见了女人，连性欲都没了？"

如果我是医生，这样一个病人来问我，我明明知道他是在明知故问，没话找话，希望通过这种撒娇发嗲式的提问换取我这个医生的鼓励，我就会故意使坏地回复，诸如"今晚你可以找个人见下便知啊"或"没了多好啊，一了百了，难得清静"此类。可徐教授与我性格迥异，他实诚地回了一句："我觉得你只会更勇猛了。"

我被他说得像是刚吃了几只虎鞭，沾沾自喜，继续问道："我的恐慌是如何表现的？你到底是如何感觉到我的脆弱的呢？"

他道："你现在，就是经历了一场真正战争的男人，试问天下有几人能有这样的经历？"

我心里想，这个说得有点夸张了吧，不过是蛋上动个刀，又没有割掉，如果这次蛋蛋真的是被割掉一个，那才真的威武呢；如果能被割掉两个，哈哈，也许我就真的名留青史了。

接着，我收到一条我最想看的信息，那是我早就忘掉的一些事实，但却货真价实地留在他人心目中。

徐教授说道："关于脆弱，举个简单的例子。你会坚持一定要等到主刀医生的出现，才让麻醉医生给你打麻药，可能绝大多数病人都不会有这个要求。还有，你在手术台动刀前告诉我三句话：第一，这是你人生中最重大的一次手术，从未经历过，选择了我，就是一种信任；第二，你已经祷告了佛祖、道尊、耶稣，向各门各派的神都做了祷告，这场手术我们会很顺利的；第三，你还没说出来的时候，麻醉师已经把药推进去了，我也不知道你要说什么……"

啊？难道是这样吗？怎么和我在麻醉室回忆的细节有点出入呢，大概是相似，不过小插曲我实在是想不起来了。这话应该是我说的，就是最后一句话，我怎么记得我是拉着小护士的嫩手说的呢。

我难得看到他话这么多，平时都是我问他一百个字，他能用十个字回答的，绝对不用十一个字，看来今天真的有感而发。他又发了一条："你是一个有能力也有资源的人，平时的事情都可把控，但在那一刻，你别无选择。你突然发觉，此事真的不在自己的掌控之下，面临人生如此重大事件的时刻，只能把信任交到一个五个小时前才见到的医生手中，只能听天由命，这就是你当时给我的感受。"

我毫不犹豫，以每秒钟五个字的超人速度发了条短信过去："事实上，这的确是我想向你传达的。"

老徐像哲人一般，被触动了哪根神经，性格中潜藏不露的感性被彻底调动起来，他写道："其实，术前开始的信任是没办法，不得不信任，只有在经历完整的治疗以后，病人发觉医生确实和他一起奋斗，共同经历，才会建立起真正的信任。这就像战友有两种：第一种是一起训练；第二种是一起上过战场，挡过子弹的。这两种战友的感情完全不同。动刀之前我们只是第一种，但动刀后，我们就变成了第二种。"

看得我有点热血沸腾，发了最后一条，结束了我们历史上最长的一次短信对话："说得好！我期盼今生你能躺在那，我割你的那天早日到来，哈哈哈哈。"

# 14
# 中医
. . .

**疗形疗气，中西互补**

治疗恢复期间，远在美国的戴医师，在电话中，根据我的舌苔、口述及伤口照片，帮我开了中药消肿的方子：紫花地丁、白头翁、蒲公英、瓜蒌皮、败酱草、荔枝核、茯神，以上共煎，一剂可煎两次。此剂的功能是消肿、止痛、帮助伤口愈合、黏膜生长。我在写本书前，曾问过戴医师，这方子是否绝密？可否公之于世？他认为公布细节大大不妥，因为每个人的病体和病情，随着时间推移，都会有所变化，所以，这药可能适合我用，未必适合他人，每个药都要因时制宜，这点我举双手双脚高度认同。

在性格色彩学里，强调一个人际交往的观点，就是"甲之蜜糖，乙之砒霜"，对你来讲，可能很棒，对他来讲，却是灾难，必须要读懂不同人的性格，因人而异。看来，天下万法相通啊。所以，你看到我刚才写的这个方子，只有部分草药名，省去了具体配比和一味关键的引子，请万勿随便抓药乱服。有需要的朋友，请务必请教你所信任的中医帮你治疗，对症下药。

我对中药的认知，虽然只得皮毛，但因一直以来，受益匪浅，感恩不尽。和戴医师接触的过程中，最大的感受就是，作为中医圣手，他从不排斥西医，并且总是取长补短，根据不同的情况随时调整诊疗方式。我问他，西医和中医，本就是两套不同的体系和架构，各有其长，可为何总有人排斥中医？他告诉我："中医的发展与改造，算是伟大的工程，也是传承者为之奉献的事业，尽其所能添砖加瓦，千方百计地引入科技。而一些完全外行的人却攻讦诋毁这门古老学科，表露的是小知识分子的轻浮恶习。有一些个别所谓的科学工作者满口胡言，对真正的中医一无所知，混迹市井，惹是生非，无不是在自己的领域内毫无出路却又不甘寂寞之人。天下绝无大学者随口评论自己不懂的其他物事，真正有学问的人，都是对自己不懂的学问先怀敬畏之心。"

我想起了六六。

六六那天来医院看我，和我讲起她老了以后要从医。开始，只当是随口玩笑，及至听说她每天在家坐堂，已帮人扎针一年多了，才发现事情并非如我想象。她在休养写剧本《女不强大天不容》期间，边写本子，边中医治疗。此间，遇见了汤药、针灸、正脊几个不同领域的世外高人，在治好了她多年的顽疾之后，彻底臣服，拜师于针灸门下，每天自学《黄帝内经》和《伤寒杂病论》。

按照六六所说，她自打学医开始，基本上什么小毛小病的，都是自个儿在家拿针扎自己，一扎一个准儿，百病逃之夭夭。更妙的是，自从她会这手绝活后，七大姑八大姨和街坊邻居，都奔走相告，请她施针。被她治好的人多了以后，一传十，十传百，七大姑八大姨又带着她们自己的七大姑八大姨，口耳相传，大家慕名而来。发展到今天，她每天至少要耗上半天帮人扎针，连隔壁那条老态龙钟的中华田园犬，也因为曾经在感冒时被六六施恩扎过针，每时每刻，只要六六女士出小区遛弯，便摇着尾巴俯首舔脚寸步不离。

她来看我的那天，病房里聊了两小时不到，就急着先走，说她们家秀才催她赶紧回去，家门口排队扎针的，已经从五楼拿着小板凳坐到二楼了。更绝的是，六六医生都是义诊，不收诊疗费，不收红包，如果一定要感谢，只收瓜果蔬菜鸡鸭鱼肉等实物。她自豪地告诉我，现在每天根本不用去菜场，家门口早晨一打开就堆满了菜，全是有机的，以后我想吃新鲜蔬果，可以随时找她。

我认识她这么多年，她征服了多少电视台，搞定了多少明星，害得多少个影视公司打破脑袋抢剧本，让多少观众如痴如醉……这些没一个让我心有涟漪，但唯独这件奇事，让我拍案叫绝。

我向她讨要了合肥汤池的地址，请她帮忙打个招呼，告诉她，我出院后刚好需段时间静养，我要去她的圣地，朝拜她口中的仙师，她隆重推荐了正脊的高老师。

高老师见我第一眼，手都没碰我，看我走进门立定站那的样子，就指出我膝盖有伤，震住我了。待我趴平，两根手指从脖子开端向下逐节捋到腰底，指出我当前需要面对和需要注意的问题，十有九准。我被她的神功折服后，请她出手正脊，可她说，从肌肉放松到治疗再到巩固，以我的情况，不在这里待个六周，拿不下来。我看看时间，只能遗憾这次无缘了。

不甘心让自己白来一趟，四处乱转，就在医馆里专事五行针灸的李医生那里扎了次针。之前看武侠小说，听到任督二脉就激动，但从未真正了解是怎么回事。这次蛋蛋事件闹得太大，举国皆知，我见到李医生第一眼，从她流露出的同情眼神，便确认她早知我蛋兄负伤的事。李医生搭了搭脉，说我气血不够循环畅通，要扎四个穴位助我通顺。

她说，任督二脉分别为全身十二经脉的阴脉之海和阳脉之海，全身气血汇聚于此，任督二脉不通，相当于全身气血循环被阻断，我此刻就属于大手术后的元气重创，等下扎的四个穴位就包括任督二脉的起点和终点。她拿出寸短的银针，扎了四个穴位，按序分别是：会阴（肛门和蛋蛋中间）——长强（尾骨上方）——承浆（下巴上嘴唇下方的凹陷）——龈交（上牙龈的正中间）。这四个部位扎之前，心里最恐惧的是龈交，你想想，银针要死死地插进牙龈肉里，想起来，都会菊花收紧，但事实上，最痛的却是长强。

扎长强穴为啥这么疼，我没找到原因，但长强的妙处，却给我无意在安徽农家书屋的一本线装古籍中看到。

清朝《虫鸣漫录》里有一文：表弟去投靠表哥，表哥家有三个房间，表哥表嫂和他分住两头，中间空着，三人都略懂医术。某夜，表弟忽听表嫂在房内大喊求救，他走到表哥表嫂门前，但表嫂未开门，反喊道："你哥情况危急，我不能离开他。身子一离开，就没救了！你赶紧从窗而入。"表弟顿悟表哥必定"脱阳"了。（脱阳，就是性交时阳气严重耗失，造成虚脱；在陈健民老居士的《长寿要则》里对"脱阳"的解释就是，房事精长出不止，必死妇人腹上。）于是，表弟立即准备了艾草，破窗而入。结果，室内太暗，隐约可见两人交股相叠。他不便掀开棉被，只好用剪刀摸索，在棉被差不多的位置，剪开一个半径一寸的小洞，然后用艾草去灸烧露于洞中的尾闾骨。想不到压在上面的是表嫂，他灸到的刚好是表嫂的尾闾骨。表嫂的屁股被艾草一灸，惊呼一声，艾草的火气竟由表嫂的身体直穿到表哥的阳物，昏迷的表哥受火气冲激，立刻苏醒。

这故事，让我深刻感受到：在性能力上，男人永远永远都是弱者。

我无法想象一个人在性交时兴奋到虚脱，以至于猝死，那得要投入多么疯狂的劲头啊，据说西门庆官人就是与世长辞于脱阳。脱阳这个病，老外叫"性交猝死"，基本被男人承包，女人凤毛麟角，这说明什么？说明女人的战斗力远远高出男人不知多少个段位！想想看，为什么百姓总是流传"女人三十如狼、四十如虎、五十坐地吸土；而男人三十奔腾，四十微软，五十松下"，俗语必然有其出处和蕴藏朴素民间真理。在《素女经》里，素女早就告诉世人"女之胜男，犹水之胜火"。在中国的阴阳五行观念里，女人的性能力是"水"，男人的性能力是"火"，水必"克"火，火只能将水加热，但水却会把火扑灭，男女之间，孰强孰弱，高下立见。

男人的性欲固然比女人强些，但就性能力而言，女人比男人要强出许多倍。有个古代的著名笑话，专为描述男女性能力上的差别而生。

故事说，皇帝见后宫一群宫女病恹恹的，问太医怎么治。太医开方，猛男若干。几天后，皇帝见所有的宫女面若桃花，而猛男则面黄肌瘦，问太医猛男怎么啦。太医曰，这是药渣。正所谓"只有累死的牛，没有犁坏的地"。

这个故事让我也对艾灸有重新的审视，从前只知艾灸热力温和，穿透皮肤，直达深部，经久不消，但对穴位的烟熏火燎居然能通过穿透一个人体，进入第二个人的身体，并且还激活对方，闻所未闻。乍一听，有点吓死本宝宝的感觉。

这个故事让我更对长强穴刮目相看。故事里的尾闾骨端，就是李医生给我扎的长强。督脉起于长强，是督脉第一穴，统领人体阳气的经络，阳气就从这里开始生长，而这个部位好像就是人类原来长尾巴的地方，后来尾巴被退化掉了，但是尾骨依旧在。故此，它是保持人体平衡和脊椎健康的关键。怪不得初学打坐时，我道家的师父会要求众人将双臀拨开，尾骨尽量向后。还有，无论男女，命门均在身体的中段生殖器附近，而显然长强，是打通的一个关键入口。

这四针扎下去，我告诉我自己，"嗯，你小子的任督二脉打通了"，管它通不通，先这样暗示自己。果然，心情大爽。

我觉得中西医结合很棒，有无限神奇之处。反正，我自己是用西医治形，用中医疗气。你想想啊，就在我蛋伤恢复一事上，中西医说的就不一样。西医说，百日后伤愈可战；但有中医告知，命门重创，元气大伤，最好休生养息一年。所以，在复合伤处上，我当然用科学现代的外科修补术完成。但在西医里，根本没有"气"的概念，也看不见中医里所谓的"经络"，怎么可能理解打通任督二脉，我要想补气还阳，还是得靠中医的手段。

我和戴师有过交流，作为中国的生物力学拓荒者之一，他的一项最了不起的成就，就是他的两项研究成果——血液流动的非对称理论和血管的径向摆动，史无前例地都被美国医科大学吸纳，成为教科书内容，而这些课题都是从中医实践及研究中而来。他一直对我讲，中医两千年来面貌没啥大变，一方面说明先民的智慧，后人难超越，另一方面，也说明科学工作者挑战难度大。如果科学工作者能使中医有更多的实验基础，能以清晰的概念和精确的定量来描述，就更利于中医的普及和提高，对人类的贡献会更大。比如香港有个医生，用量子晶片治疗发病率高且无法治愈的世界难题——青光眼和黄斑变性，两天内就能视力提高；治疗近视儿童，在两侧太阳穴及印堂戴晶片一个小时，绝大多数人视力很快提高，非常了不起。这个量子晶片，其实就是一个促进微循环的感应器。而这事与中医的密切关联就在于，晶片按中医穴位来贴，效果就显著，不按穴位贴，效果就不显。

不过，这种方式对多数正规科班出身的西医来讲，未必接受。反正中西医也已打了数百年，中医的认知靠主观，通过想象来完成，缺乏直接验证过程，核心理论基础是阴阳、经络、五行，这些抽象概念，离开想象是无法独立存在的，当然也无法通过实验得以检验；而西医的认知靠客观，是在表象上先猜因果，再通过一系列的实验证明，如果猜想无法被验证，它就只是猜想。说白了，中医是辩证的哲学，而西医是严谨的数学，一个重在想象，一个只看逻辑。两方论战，就是鸡同鸭讲。

反正，我觉得，对患者来讲，我才不管你说哪个好哪个坏，我也不会相信你说的。谁能治好我的病，我就相信谁。反正，患急症时，第一时间都是去西医那里，见效快。很多看西医没啥用的，被判死刑的，最终反靠中医调好。我也不太明白，有些人为何总要诋毁中医，各做各的就好，争啥争，谁是正统？谁是名门？谁是正宗？谁是老大？我相信很多西医自己的病治不好，如果中医能治好，也会去治的；中医自己腿上摔伤，也不会排斥去西医那里赶紧缝针。

我把这篇文章又看了一遍，给六六发了个短信。告诉她，我退隐江湖后，会先去找我道家的师父练功，小有所成后，就跑到乡下开个学堂，闲云野鹤般地收三两徒弟，写写笔记心得，闲时四方游走，我毕生传两大功法——性格色彩之道与演讲之道。你若空了的话，就在旁边搞个医馆，悬丝诊脉，触手生春，咱们里应外合，身心合一，搞点名堂出来。

# 15
## 慰问
.
.
.

前番女友，粉墨登场

我的几个前女友，有的时常和我联系，有的难得出现，在得知我出事后，纷纷发来慰问，向远在病榻上卧床不起的我，致以了亲切程度不一的问候，我发现，她们大致可分成以下几类。

## / 第一类：彪悍

　　这类人最为简单，大大咧咧，头脑不复杂，奉行"怎么想就怎么说"的原则："嘿嘿，听说你蛋碎了，疼不疼呀，不许哭喔，还在医院吗？你如果需要的话，我来陪陪你吧。"

　　和这样的朋友说话，百无禁忌，最为爽快，毫无心理负担："好呀，你不担心来了以后羊入虎口，我把你吃了吗？"

　　结果，人家一句话，就把我给顶回去了："就你现在这样，还能行吗？有种放马过来。"

　　就这一句话，我立马吃瘪，像泄了气的皮球。没办法，人家有本事一眼看出来，我这人就是一个不折不扣的纸老虎，嘴巴打打嘴仗还行，来真刀真枪的就不行了，碰到人家说话凶狠的，立马投降。

　　彪悍类的朋友，相处起来，直来直往，活得轻松，没有负担。你调戏人家？切，还指不定谁调戏谁呢！

## / 第二类：文艺

　　对我来讲，这是最难伺候的主儿，绝对是顶尖的折磨人的高手。人家的每个标点符号都暗藏玄机，每句话过来，你都得细细揣摩圣意，一个不小心，你势必就栽在阴沟里。

"你，还好吗？"

我该怎么回呢？既然对方这么文艺，那我也只能以文艺对文艺，想了半天，回了一个字"嗯"。这时，千万不能说"可""行""好"这三个字，或者在你的"嗯"字后面带上个句号。很早以前，生活的惨痛教训让我学会，对方会视上述回应为："你可以走远点了，咱们的谈话可以结束了，我不想和你聊下去。"

隔了一会儿，文艺范儿紧接着回了句："那就好，自己小心。"

在这个对话过程中，大家都心知肚明，你知道她为何而问，她也知道你收到了她的问候。

我仔细看着这句话，脑海中转过无数念头。

其实，文艺范儿的前女友，她们在表达情感时，特别喜欢用含蓄的手法暗示你，有意无意地制造出一种美轮美奂雾里云里的感觉。她们既想表达对你的关心，又在试探你，希望你尽量多点说话，而不是由她们发起主动，否则，万一她们表达情感太多了，你又不接茬儿，那可彻底颜面全无。说白了，文艺范儿表面用高冷拒人于千里之外，内心却对情感的深度交流无比渴求，她们期待的对话方式是能让自己"矜持不失，文艺犹存，情感朦胧，可进可退"。

可问题的关键是，在我身体好的时候，我还有心情彼此过招；可当我忧心忡忡，蛋事方兴未艾，泥菩萨过江自身难保的此刻，根本没有足够的修为去关心那个试图关心我的人的情绪。何况，我现在又不准备和她搞暧昧，当初就已经够累的了，每句话都要动百般心思。以我对自己的洞见，我本身就是一个敏感且非常需要别人来猜我心的人，但我很清楚，像我这样的人，绝不适合和我自己这样的人相处，那太苦了，和轻松简单的人相处，会比较痛快。

不过，这段话，如果给文艺范儿看到，一定会嗤之以鼻，认为只不过是我的借口。在文艺范儿眼中，只有一个概念，那就是，"你根本就不爱，如果足够爱，你就会为我而改变"。好吧，你愿意说啥，就是啥，可惜文艺范儿总是忘记，这话其实同样可以用在她们自己身上。单就这个话题，我就可以写本书，来谈谈如何通过只言片语洞察心理，不过显然与本书无关，就暂时打住。

要想结束和文艺范儿的谈话很简单，只要话中有官腔，瞬间就可戛然而止。譬如，"你忙你的吧"或"谢谢，会的"，这些带有客套和礼仪的词句，在男女正当微妙之时用起，绝对大煞风景，大扫其兴，等同于逐客令。

如果你只是暂时不想对话，并且还想为未来的勾搭留个继续的活口，那你就用一招即可。啥都不说，再发一个"嗯"，只要不用句号，感叹号更是想都不要想，记住——标点符号代表着一个时代的结束。

你就发一个字，和上面那个字一样，这至少会让对方有双重理解，既可以理解为"我累了，现在不想和你说话"，也可以理解为"你继续说呀，我还想和你说，不过我也不知道要说什么，等你先来说开口，我再接话"。当然，这里还可能出现各种不同的变式，随便举一个，譬如对方再说一句话，你还是"嗯"，连续几个嗯下来，对方也就再不愿接话了。

男女之事，微妙至极，全靠细腻的尺度把握，差之毫厘，谬以千里。具体的技术，除了学习读懂性格色彩，读懂别人，看清自己，其他就靠感觉。

事实上，面对"那就好，自己小心"这样的回应，如果你想让谈话继续顺畅地进展下去，至少有几种方式可以帮助你引导到不同的方向。

"怎么小心啊？（连续跟着 3 个网络上的大哭表情）"这种回应是

撒娇，所以网络表情符号是很厉害的工具。

"怎么小心呀？"这种方式是调情。与前者就差了一个语气助词，感觉完全不一样。

"就这样了吗？"这种反问的方式充满哀怨，会继续将你们的对话导引下去。不过你要小心，如果你不准备和她旧情复燃，这样的对话，很容易引来的答复是"那你还想怎样"。下面该怎么接，你要想好了。没想好之前，最好别，省得给自己添烦。

切记，此时千万不能用的一种回应方式是回应"我不好"。这种回答，文艺范儿会理解为，你是因为没了她才变得不好，这让她立即感受到你对她的情感太直接，一下子把这种朦胧感变得赤裸裸，对方未必接受。如果你遇到的是对你旧情未了且性格直接的女子，她可能会顺着你的话往下接："怎么不好了？你怎么啦？"可你现在遇到的是文艺范儿！真要命，她们要的是若即若离、欲语还休的"朦胧感"，甚至她们自己都不知道自己要什么，她们也是摸索着前行。一旦你太直接，她们觉察到再继续下去就要有火花了，而一旦来得过快过猛，怕自己控制不了，还不如逃之夭夭。所以，如果你想发展点什么，关键是，以朦胧对朦胧，不露声色，逐渐引导，渐进地水到渠成，千万不能心急。

以上所讲，如果你要运用到你的实际生活，要特别注意情势的多样和复杂，比如：你和对方的关系，你们相好时关系是深是浅？你们曾经是长期还是短期？你们分手时是平和还是激烈？是你提出分手还是她提出分手？是双方都乐意分开还是一方坚持一方不肯？以上各种不同的情况，都会导致在不同的语境下有不同的意思，要区别看待，不能简单死板地运用，我无法做到只是给你一个简单的公式让你生搬硬套。

## / 第三类：硬气

这类人是双刃剑，好的时候甜如蜜，翻脸起来，要你的命。

慰问发过来，毫不遮掩地表达了她们真心的关切和对蛋兄的思念之情。比如："你现在怎样？蛋蛋还要紧吗？身体还好吗？何时方便来看看你呢？……"等等。这种问候，我一般会调侃道："蛋废了，你现在不是自己有蛋用着吗？想用我的啊？何必关心我的蛋？……"我这人说话有时阴损尖刻，向来在情感中喜欢用这种反话来刺激人，以刺探对方的态度。

脾气刚烈的姑娘，这下可受不了了。本来热心而来，觉得被我呛了一句，心里怎么都咽不下这口气。这种情况下，通常都是回一句："关心你，怎么还老是被你损，算了。"我的娘咧！我刚才那一句话，捅了天大的马蜂窝，这姑娘的理解是：有你这么说话的吗？好心被你反噎一口，说话不中听，不聊拉倒，谁没了谁，地球都转。

然后，全然不顾俺是一个可怜的病人，而且是一个命根被伤刚做完手术正躺在床上奄奄一息的病人，居然黄鹤一去不复返，刚冒了个泡，就杳无音信了。

说实话，我真心怕这样对自己感受无比放大的人，她们硬生生就是觉得我这句是存心侮辱她。在这时，你会觉得还是脑筋傻点的姑娘好，至少她会饶有其事地认真回答："这是两码事啊，别人的蛋是别人的蛋，你的是你的。认真点，你到底现在怎样了？还疼吗？"所谓傻姑娘有傻福，这样的回话，听上去傻傻的，虽然她也没接住你扔过去调侃的梗，但这种把笑话当宝贝的认真样，立即会让你正经地和她对话，大家就事论事，谈下去挺好。

## / 第四类：柔顺

这类姑娘怎么着都不生气，绝对是病榻前陪伴的宫廷圣品。

如果我对这类人说："蛋蛋废了，你自己现在不是有蛋用吗？想用我的啊？何必关心我的蛋？……"

她们心气儿松弛，多数先莞尔一笑，继而调侃一句："以后的事，谁说得准呢？快点好好说啦，现在到底怎样，要紧吗？"这样比较友好的对话，我通常会顺坡下驴："既然你有心，努力不让你失望。"关系再暧昧些的，就会说："那你自己来试试就知道了呀。"

我发现和这类朋友对话时的心理状态很舒适，当我在和她们阐述病情时，觉得自己在做雷锋。我能够现身说法，毫无顾忌地尽情展示一个男人的脆弱和内心的需求。然后告诉她们，在生理上，该如何关心自己男人的蛋蛋；在心理上，关键时刻，女人该如何做一个善解人意的女人，该怎样读懂你的男人，怎样在危难之时支持你所爱的人。

我觉得我和她们说完这些，最当感激我的，该是她们的老公或男友。谈话之后，他们纷纷表达了同样的心情，读书万卷，不如和乐先生对话的收获大。她们表态回去后，要立即用在老公身上，并且对过去理解我不够深刻感到遗憾。唉，其实多数时候，我根本不深刻，有时还很肤浅，但在灾难面前，在关键时刻，却从没含糊过，完全体现了"士人胸怀天下，以弘道为己任"的特征。

我仔细将这四类前女友们反复思考，发现了当中无比明显的性格规律。在读此书前，也许你已读过我的性格色彩作品，对红蓝黄绿稍有了解，但是，下面所讲专业性实在太强，除非学过课程，否则会有点绕，不太易懂。因为性格色彩虽然入门容易，简单清楚，但对复杂的人性，还需要学习性格组合及后天的变化，您就暂且耐心一看吧。

第一类彪悍的，多数是充满野性的原生态的红色性格或积极的红＋黄性格。她们敢爱敢恨，单刀直入，明了大方，不介意将爱慕和欣赏表达出来，倡导着"爱就应该大声说出口"。

第二类文艺的，情况很复杂，不能一概而论，蓝色性格、压抑的红色性格和文人味道太重的红＋黄性格三种，都有可能。这三种人，都会有文艺范儿的表现，你不能简单地从她的一句话中就判断她的性格。她们不愿将爱的表达放在嘴边，骨子里认为，天下美，唯意淫最美，天下情，唯默契最深。当爱求之不得时，往往有很重的自虐。这三种性格的差别，的确几句话难以讲清，都是在你开始进入"性格色彩进阶课"时学习的内容。（如果你急着了解，可先看《色眼再识人》和《写给单身的你》，后者书名虽有"单身"二字，但其实是探究性格色彩在婚恋关系中的应用。）

第三类硬气的，都是红＋黄性格。在意征服、胜利和爱情的尊严，《神雕侠侣》中的郭芙，《倚天屠龙记》中的赵敏都是红＋黄性格的代表。我这样说，有很多恋爱经验不丰富，每天靠读恋爱指导书籍来想象自己爱情的读者怕是不懂，会问："难道不是所有人都有爱情的尊严吗？"当然不是！！！不同性格对同一个词语的定义完全不同，有的人就没那么在意。心气儿硬的这类人，万事都讲尊严。你还没反应过来，她就莫名其妙地已经被伤害了。如果遇见另外一个心气儿硬的，两人的斗争在所难免，两个心气儿硬的人在一起，绝对天雷地火，你死我活，但可惜的是，冲突太过激烈，彼此伤得体无完肤。和她们分手后，要么老死不相往来，要么都是很久后，才有可能慢慢地有点联结，因为她们很难将已经逝去的情感放下，浑身充满着对欲望的执着和对妄想的执着。好的时候，爱到死；不好的时候，世界为之毁灭，她们很难参透佛法中"执着是苦"的真谛。

第四类柔顺的，要么是可爱的红色性格，要么就是红绿配的组合性格，但几乎没有典型的绿色性格，《鹿鼎记》中的双儿便是最典型的红绿配性格的代表。因为纯粹的绿色，温不拉叽，既不懂怎样挑逗，也不懂怎样回应挑逗，很难在调侃中崭露头角。这类姑娘，她们从不上纲上线，不会一定要论辩出对错死活，她们强调的是两人在一起，开心就好，这才是她们的生活原则。这种聊天时容易开玩笑，不那么较真，有点趣味，懂得撒娇，好说话的姑娘，很容易勘透过去，不易入执着之苦，分手以后还是朋友，你能遇见，也算是福分。

除了以上四类，还有黄色性格的前女友，我称为绝情类。

## / 第五类：绝情

她们自始至终没有出现过，她们很少看新闻八卦，她们似乎不知道这事的发生。就算知道，她们心里想的是：乐先生你的蛋，只是你的蛋，我以前用过，那也是以前的事，不代表现在和我有关。当她们提起我的蛋时，不露声色，就像那个越南从天而降的巨蛋一样随风而过（我蛋碎后一周，震撼新闻"越南天空巨响，两球状物体从天而降"，网友疯传"乐嘉的蛋在越南找到了"），就像此生压根和我的蛋儿从无关联，就像在聊的是一个毫不相关的人蛋碎了一样。

你可能会觉得她们很无情，对，我在没有研究性格之前，也会这样想，非常痛恨这样的女友，怎么这么没有人情味！直到后来，我才发现我错了。

她们子宫肌瘤和卵巢囊肿去动手术时，不声不响，在我还没反应过来的时候，已经自己取掉了；她们可能刚刚经历父母双亡，就凭自己一个人把所有的事情全部扛下来处理掉，但这也是我跟她们聊天一个小时快到结束时无意中才发现的。原来，她们在经历生活重大变故的时候，镇定自若，她们天生有种情绪控制的能力，不用修行，就已抵达"我不动，世界不动；世界动，我还是不动"的境界。你觉得她们心狠手辣，没有人情味，其实，她们不是对你心狠，她们对自己也是一样狠，她们觉得每个人都要坦然面对生活的磨难和打击。一切靠自己，情绪和感受解决不了任何问题，不要也罢。

需要特别特别提醒读者的是，你如果是第一次了解性格色彩，你可能会误会我这篇文章是写给男人看，告诉男人该怎么分析女人。如果你这样想，就大错特错了。事实上，如果我是一个女性，我写的是我的前男友们，同样适用。也就是说，你只要把所有性别颠倒过来，几乎全部适用。在性格本质上，各种性格的男女都一样。无论男女，都有彪悍直接大大咧咧的，都有文艺范儿话憋着不肯说的，都有心气儿硬自尊心强的，都有柔顺乖巧温和包容的，都有无比理性可与过去瞬间一刀两断毫无挂记的……

和前女友们对话，让我再次体会到性格色彩传道一事意义非凡，这些年来，我没有一天松懈，就是希望天下所有人终有一日因性格色彩受益。不懂性格这玩意儿，真会要人命的。有时，你自己完全意料不到，随便简单的几句话，就透露出所有性格的信息，代表了性格最重要的特质，决定了你和他人相处的关系，定位、好坏、走向，也决定了你自己的未来和一生。

# 16
# 男女

·
·
·

**蛋蛋咪咪，揪心对话**

## / 我那消失已久的老情人

有个女孩，是我多年来寻觅未果的旧情人，在我手术动好的两天后，突然找到我。

20年前，我血气方刚正少年，和她旅途中邂逅，她比我只大3岁，看上去却熟透了，她有着与年龄完全不匹配的千娇百媚，一件掐腰白素纱裙勾勒出年轻丰满的身形。我见到她的第一眼，就完全被她的色相给彻底击倒。那是一个空气略带潮湿的夏天，她在我面前飘过时，我必须得承认，那一刻，我被她的胸部给迷住了，特别是我的眼睛碰到她的胸脯时，觉得她真是熟透了。

事实上，你我都知道，死盯女生胸部必会被人们定性为臭流氓。所以，优雅的男子，即便喜欢，也从不在一开始就赞美自己喜欢的女人的身体部位，而是大谈特谈琴棋书画诗酒花茶，这样不仅可以有意无意地彰显自己的韵至心声品性怡然，更重要的是，还能很轻易地就做出一种通达从容的姿态。这种姿态传递的就是：你看，我爱上的是你的精神，而非肉体；你看，我并非那些鸡鸣狗盗的好色之流，我可是有品位有格调的好男人啊。

而这招对那些有才又有貌的文艺女青年，可算得上是百击百中。这些色艺双绝的文艺女青年，素以内涵自傲，最担心别人因为她们的色相，而忽略自己的才气，故而，只要稍微捕捉到男人有一丝觊觎自己美色之嫌，就认定对方必然忽略自己的内秀，从而心生防御。她们有种根深蒂固的想法，那些说喜欢自己头脑的男人就是深刻，那些和自己探讨思想的男人就是谦谦君子，而那些总说自己长得美的男人不仅浅薄无知，而且动机不良。于是，她们最矫情的一句话就是"外表不重要啊"。切！傻子都知道，我们的确不能以貌取人，但外表这东西，还是相当重要的。

而有身份的男子，总能做到心猿意马却目不斜视，他们常采取避重就轻的战术，说几句类似"纤纤出素手，履上足如雪"啊，把讨论的话题只集中于四肢以内，心中却好想趁乱偷偷狠瞄乳沟两眼。所以，阿Q以他那最直白的方式向吴妈表白"吴妈，我想和你睡觉"时，即便阿Q是真爱，也逃脱不了被群众乱棒痛扁的命运。

中国人在性上喜欢含蓄，不愿直接。可你就算此刻再骂我下流淫荡，认为我粗鄙不堪，我还是得说，我就是一个肤浅的人，我打从见到这个女孩第一眼以后，心里就直想赞美她的胸部，口中被我活生生按捺下来，但脑中能想象的全部画面还是"一双明月贴胸前，紫禁葡萄碧玉圆"。所以，不得不承认，天下所有美好的东西，都是有画面感的。

我想着怎样才能搭讪，想起纳博科夫年轻时，在巴黎遇见一位令他心动的女生，直接走上前去向女生伸手说："你好，安娜·卡列尼娜！"这么有创意又毫无进攻性的示爱，他也想得出来？我当时看到这个故事，就想，假设我对某个偶遇的女子喊出小说主人公的名字，她会怎样？现在机会终于来了，我叫了她一声"王语嫣"，那是金庸笔下《天龙八部》中的第一美女，她没回头；我又叫了一遍"王语嫣"，她停下，回头，看着我愣了一下；我又看着她轻轻叫了第三遍，"王语嫣"，她一笑，"你在叫我吗？"两人就此搭上了线。

我们相谈甚欢，彼此欣赏，灭烛解衣，巫山云雨，如梦如幻，纵嘤嘤之声，举摇摇之足，有若烟花绚烂。之后，我们相隔两地，互诉衷肠，你侬我侬，忒煞情多；偶尔千里相约，刀帛缠绵，其他时候，全凭彼此思念。可两个月后，有一天，不知怎地，她无声无息地从我的世界里消失了。

虽然那时，和她还谈不上天长日久，也没经历过患难与共，故而她的消失，还达不到让我撕心裂肺的痛楚。但，这事对一个喜欢追根究底的人而言，注定胸闷不已，心有不甘。难道我曾有过什么举动大条的无心之语，让她感觉受伤？还是因为她人老姜辣，只动身不动心，俩人的情愫只不过是我自己的一厢臆想？抑或她觉得大家再往下走，也毫无正果，不如挥刀斩乱麻，免得日后情深难断？那时的我，二愣子一枚，在江湖上行走了数年，已经体验过几次绝情谷情花之毒，早知情场如战场，把握不好，你就难免被伤。可一个几天前还和你窃窃私语的人，就这样毫无交代地突然间遁形而去，这让那时还算年轻的我如鲠在喉了很久，百思不得其解。时光飞逝，她留在我心中的痛，不愿触及。渐渐地，淡若轻烟。

## / 老情人回归

居然在那么多年以后的今天，女孩突然在我的公众微信号（lejiafpa）上留言，找到了我。虽然我陡然看到她的出现，心潮有些猝不及防地汹涌澎湃，但我还是表现得漫不经心，控制得张弛有度，因为我已非当初的吴下阿蒙。

在极其文艺式的开场慰问后，我像电视剧里说台词那样，故作平静地直接问她："你去哪了？"她沉静了片刻，轻轻地说了句："我不敢面对你。"

我没接话，空气有点冷，我倒要看看她能说些什么。显然，她的出现，必定是因为我的蛋兄负伤事件在江湖上传得沸沸扬扬，我那曾经给她带来无尽欢愉的英勇无敌的蛋兄不幸负了重伤，让她起了慰问之心或缅怀之意。我知道她关怀我的安危真真不假，但实在痛恨当年她的莫名消失。

当她问我"还疼吗"的时候，我心里想的是："疼不疼其实都不重要了。你想用，也用不了了。有得用时不珍惜，没得用时空叹气。"话到嘴边，却说的是："还好。"

我做好了准备，倒要看看她怎样解释"不敢面对我"。不想，她接下来的话先让我内心一阵缩紧，复而，又让我心绪起伏。

她告诉我的话很简单，那时她突然被诊断出乳房癌，五雷轰顶之际，马上就做了乳房切除术，只留下了一只。她在悲痛之中完全不知该怎么面对我，万念俱灰之下，就彻底断了一切的念想和联系。

"一个常见的妇科手术，为何会不敢面对我？！"

"因为，在那时，我觉得我已经不再完整。"

她不说还好，她这么一说，我多年前积压的委屈全部翻滚而出，在心底犹如维苏威爆发前那般蠢蠢欲动，随时想喷射出心底的呐喊："为什么你会觉得不能面对我？你真的觉得我会在意你少了一只乳房吗？你怎么这么傻！就算两只乳房全部切除掉，你依然还是那么美！你把我看成什么人了，你觉得我会因为你的一只乳房没有了，所以就对你另眼相看吗？就算切掉了，性依旧不受影响，还是可以继续做爱！难道你觉得我因为这个事情就会嫌弃你吗？为什么你会不能面对我呢？你受了这么大的苦，为何不让我来和你一起扛？……"可时过境迁，现在的我早已不再是当年随时昂首的那个少年勇士，这些话我已经无法像当年那么激烈地说出口，我和她的关系今非昔比，何况，我的蛋兄现在还卧病在床。

我努力抑制自己，千言万语不知怎样表达，顿了顿，慢慢挤出来一句："你觉得，我，会因为这个手术嫌弃你？"

我说完，她什么都没说，我也不说话，只听见电话里彼此冷了很久，大概有半支烟的工夫大家都没出声。末了，她只回了一句话："乐嘉，那时的我无法面对自己！"

我张开口，发不出任何声音，什么也说不出来。是啊，一个曾经拥雪成峰、接香作露、宛像双珠、以胸为傲的美丽女子，突然间因为疾病而被迫切去一只乳房，那是何等的撕心裂肺。我不知怎样形容这种痛。

我看不见她，我猜想电话那头的她，物是人非事事休，欲语泪先流。作为一个男人，过去，我无法理解女人切乳之痛，只能单凭想象。我只能断定，20年前的我，如若知道此事，必以热血飞扬金戈铁马之势大声告诉她："你不要想那么多，就算你两个咪咪都不在，我，依旧会在！"我猜想，语出那一刻，我觉得自己就像乔峰附体，在心爱的人面临人生危难之际，众人弃之，我则宝之。而其实，这种自我感觉的真相是——与其说我为伟大的爱情所感动，不如说，我是在为自己深深地感动。20年后的我，此刻，就在我的蛋兄即将引颈受戮，并被告知有可能在手术台上被刀砍头落时，终于换位体验，窥探到至高心法，得以明了性生理变化对性心理影响最深刻的奥秘，那就是——空洞鼓励的豪言，只能感动说者自己，并不能去除患者的痛苦、恐惧和担忧。

## / 切乳女子的心理反应

印象中，从前看过一个医疗文献，大概记得几个观点。

1. 以前总是主动求性爱的女子在乳房切除后，性欲大降，多在等待男人主动。

2. 切乳后的女子，用抚胸的方法很难性兴奋，这是因为她的男人不愿接触余乳，同时，术后女子在性爱中也不愿接受抚胸。

3. 切乳后的女子，未来性福的核心，取决于男人的反应和态度。

这三点，原来未经亲身体验的我，只能从字面理解；而现在，我有了新的理解。那就是：

1. 女人切乳后，会觉得自己少了一样东西，觉得自己不完美，是残缺的，觉得自己在性爱中无法给到男人一个完整女人的手感和视觉感，所以，对性爱会恐惧，对性爱没有自信，自己觉得性爱中低男人一等。

2. 因为心理阴影无法去除，觉得男人一定会讨厌自己的残胸，故此表面上非常反感被触碰，每次触碰，就会让她联想到痛苦的手术回忆。实际上，女人对触碰乳房的反弹，也是在维护自尊心免遭再次伤害。

3. 只要这个切乳女子对面的男人流露出来一丝的厌恶或异样的眼神，哪怕即使是不敢看着术后伤口这样一个细微的动作，都会被女子理解为是对自己的嫌弃，那就注定 game is over 了。如果这个男人不能用加倍的呵护、细腻、爱抚、温柔、体贴来唤起这个切乳女子对自己身体的信心，那么这个女子过去拥有的性福就很难卷土再来。所以，乳房切除对于妙龄女性的影响远超中老年女性的道理，就在于斯。

## / 独蛋男人的心理障碍

我想起医生在术后告诉我，当我的蛋兄从卵中取出的时候，众人震惊，才发现可怜的蛋兄早已被撞击得碎片横飞，已有 2/3 血肉模糊。如果再狠一点，即便华陀再世，也无法修缮，为免日后遭罪，必会被摘除，那我此刻，就是真正的一睾人胆大了。

我想象过，如果我独蛋行走江湖，即便是原本的功效依旧，伤前的战力不减，当我和我的女人赤裸相对时，对方会是怎样的心情？

我找了一个和我说话毫无禁忌的前女友，她前几天刚问候过我的蛋兄。

我短信里开门见山："你上次乳房手术，被切了吗？"

她骂道："屁，当然没有，切了，我就变成另外一个人了。"

"那跟你说个正事，当年我们相好时，我如果只有一枚蛋兄，你会有心理障碍吗？"

她理直气壮地说："为什么会有障碍？进入身体的是鸡兄，又不是蛋兄。"

"对啊，那你被切掉一个咪咪，为何会有障碍？"

她振振有词："废话，男人对咪咪有冲动，女人对蛋蛋又没有冲动。男人会说，我要找一个大胸的女人，但没一个女人会说，我要找一个大蛋的男人。"

我觉得她说得貌似有点道理，突然发现，她还是偷换了一个概念。对于女性来讲，乳房是女子性征的外在核心，不用脱衣服就看得出来，但男子性征是没有外在呈现的。对于男人，一枪两弹就是男人的全部。所以，女人还是不懂男人的痛。

而当我和心爱的女子赤裸相对时，我自己又会是怎样的心情？

这个女人，她丝毫不看，我会觉得她是怕伤害了我，所以故意忽略；她看了一下就不看了，我会觉得是在藐视；她看了两下就不看了，我会觉得实在太丑，所以入不了眼；她细细看，边看边笑，我会觉得是在讽刺；她细细看，不苟言笑，我会觉得她是在做标本研究……天呐，我觉得自己很有可能会变成一个精神病。其实，人家原本并没那么想，都是我自己臆想出来的。

事实上，你完全可以换个法子想：譬如，变身"独蛋侠"，成为人间奇珍异宝，姑娘见之，必然眼中放光，觉得能和独蛋侠过招，是人生多么了不起的体验，引以为豪，故而对你刮目相看；譬如，你以一蛋之力做两蛋之事……只要你愿，好念头总是层出不穷的，所以，心理重建最大的挑战，就是走出你自己的魔障。

　　在我手术做完后的那几天，我收到了无数慰问和祝福。一般情况下，在并不了解某个事件的全部真相时，人们很容易刚看到一个标题，就断章取义，在网络上恶语相向。过往这些年，我身处江湖腥风血雨，因为电视媒体的娱乐性放大，在我被刺得心寒不已遍体鳞伤后，早已多见不怪。可在这次我的蛋兄负伤后，除了仍旧有一小撮人，可能他们的一生在自己的蛋兄那里从没得过丝毫快感，所以脑洞大开，坚定地认为乐某人肯定是以蛋作秀；这个世界上大多的朋友本能地可以感同身受，还是祝福我圆蛋快乐，碎碎平安。我在病床上难得清闲，仔细阅读了无数留言，有两条留言让我印象深刻，绝对是真爱。

　　第一条是："乐兄，我愿割蛋赠与你，在下 25 岁，正是精壮之年。"我还来不及去向这位年轻的小英雄啧啧啧吁，我还来不及感动得老泪纵横，就已经看到了第二条："如果真出了什么事，天下即便没人要你，我愿意嫁给你。"看到这条，我突然顿悟，一通百通。

　　原来，这个女孩对我说的话，和 20 年前的我若是听了前女友的悲伤后想对她说的，本质上都是一样的，都是自我感动下爱的表达。

　　现在，我通了，你呢？

# 17
# 男男

.

.

.

四蛋相对，同病相怜

闺蜜间，情到深处，常会同住一室，相互逗笑打闹，比摸调侃胸部大小。通常，小胸女生都会艳羡大胸好命啊，就业求职谈客户个个占尽便宜，惹得无数男人侧目相看；大胸感慨，姐姐你有所不知，妹妹我是重心不稳，行动不便，买衣不得，穿衣尴尬，易被骚扰，招惹色狼关注，更何况，世人只见事业线，不见事业心，想这一双活物，也是个累赘。于是，一个高呼，你得了便宜还卖乖啊；另一个喊叫，姐姐不信，咱换就好了。

可奇怪的是，兄弟间即便彼此交情过命，桑拿共浴时，也很少会比拼蛋蛋的大小，似乎，对男人来说，讨论"蛋蛋"这个物件本身，不是件重要的事。即便在遍布世界各地的阳具崇拜中，也总是见到各类艺术家们精心打磨的各式擎天柱造型，而对蛋蛋，都是草草包装，一笔略过，甚至提也不提。

我一个相知多年的好兄弟，读完我在网络上发的第一篇"蛋蛋"文章，知道我出事了，马上发了条短信给我。

读罢此文，勾起昔时回忆，日后唯有更加护蛋！我现在的真实情况天下无人知晓，包括爹娘也不知实情。看完大哥的文章，这么悲催的事都能被你写得那么轻巧，大哥真汉子，我看了以后，突然轻松了。这20多年，双蛋形态一直定格在一大一小。深刻记忆的是，小时淘气，自己贪玩，试图用榔头砸碎玻璃弹珠，不料却被弹珠反击裆部。大哥居然伤后能忍上1.5小时后才发现受伤，太牛了！记得当时年少，应该刚刚发育，我被击中那一刻天旋地转，坐在地上，双手紧紧握拳，恨不得舌都咬断，疼得整个身体动都不能动，但确实是自己贪玩所致，所以无处可说，这么多年也难以启齿。

## 四蛋相对，同病相怜

多年的好兄弟，突然和我青梅煮酒论蛋蛋，这让我陡然间觉得两人的关系，已不只是普通兄弟的关系，我对他的蛋蛋居然也油然而生了一种爱护之情，这是一种多么令人难以想象的情谊啊。我自己的蛋蛋还在水深火热中备受煎熬，仍未脱出苦海，可我已经开始关怀另外一个兄弟蛋蛋的命运，我觉得我们的兄弟情，突然得到升华，进入到了一个新的境界。

既然小兄弟开始跟我讨论蛋蛋的问题，我就以过来人的身份表现得似乎很老练地问他："你没去医院看过吗？有病就得治，千万别不好意思，耽误了，就麻烦大了。"

小兄弟说："这些年来，用起来真没有问题，一直也没就医过，就是看起来，摸起来，不那么对称和美观。"

我无比惊诧："不对称、不美观是你自己的感觉？还是你女友评价？"

我很难想象，我这个兄弟找的是怎样神奇的女友！居然会评价自己男人的蛋蛋不美观？

那得见过多少宝物，才能得出这样的评价啊。我只知道，对男人的金枪，古往今来，有无数文人墨客诗词无数，赞颂玉茎的种种通透华彩，在文献中却鲜少可以查到对蛋蛋之美的描述，作为最重要的战略支援部队和战斗后勤保障的全部，蛋蛋们总是被提及，从未被重视。我完全无法想象"不美观"之说从何而来？我努力思索，我此生是否见过美丽的蛋蛋，怎么启发自己，也无法挖掘到丝毫记忆。

我很是怀疑我这个兄弟找的是怎样神奇的女友！居然会评价自己的男人蛋蛋不对称？

对天下所有男人来讲，双蛋形态几乎都是一大一小，一低一高，我在澡堂中从未见过何方神圣的器物是左右护法如出一辙。我生怕自己见识短浅，询问了我所认识的所有泌尿科和男性科的专家，他们纷纷表示，这样的神奇却是世间罕有，并且叮嘱我，如若将来我有缘得见，一定要不吝告知，给他们参详观摩的机会。我真不知"不对称"之说从何而来？

小兄弟说了一句让我下巴落地的话："我没有给任何女人细细看过，也不容她们细看。我记得，是娘有一次这么说的。"

我差点晕倒，是娘说的！娘说的！娘说的！老妈的一句无心之语，就让我这个兄弟如此巨大的心理阴影晃荡在心十多年，让我这个兄弟在面对上天赐予人类最大的性爱之美时，不能坦然，无法坦荡，羞于与他所爱的女子一起浑然天成。天下老妈，你们真的不知，你就这么随意的一句话，也许只是个玩笑，对自己孩儿的性福，影响会有那样巨大！

我想起我的另外一位好兄弟，曾经跟我提及他内心最深切的自卑。

他曾在和女友行鱼水之欢时，正运动得欢快，女友无意中说了一句："你进去了吗？"就这一句话，他差点吐血，自尊心荡然无存，很快就一蹶不振。更要命的是，她女朋友鼓励他的话就是："没关系，下次会更好的。"本来不说还好，越说越完蛋，此后每况愈下。更要命的是，他还有常看西式A片的习惯，总想着从中琢磨出些奇技淫巧，而西人原本异于我族，又经后天甄选训练，本来就无可比性。可怜我那兄弟，每看必以己之短比他人之长，长他人志气，灭自己威风，时间久了，战斗的勇气也没了，还没出家，心理上已经自宫了。一条好汉，就这样被他女友给生生扑灭了。

我看着那个过去一直纠结在不美观不对称中的兄弟，决定给他加码，再次给他一记人生的重锤，帮他彻底打碎那久久不能释怀的噩梦。

在这一刻，我知道，他需要的根本不是我告诉给他，"你好厉害喔，你好棒哟"，那应该是女友跟他实战后对他说的话，不干我事。如果我这么说，那真的是虚伪之至，除了表达客套和派送鸡汤，屁用没有。

我选了两张我自己蛋兄的图片发给他，一张是术前的狰狞惨烈，一张是术后的静养安息，两图相比，天差地别，宛若隔世。但我相信，即便是术后那张，也足以让他彻底颠覆以往给"对称"和"美观"这两个词下的定义，重新解读人生。果然，他很快发了条短信过来："大哥啊大哥，嘿嘿，我突然发现，我自己的蛋蛋好美啊"。

善哉。

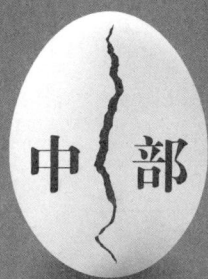

中部

蛋蛋的秘密

# 01
# 疼痛
·
·
·

蛋碎分娩，哪个更疼

男人和女人常就"蛋痛和分娩哪个更痛"展开辩论，以前我听到这个问题，会不屑地认为这个问题纯属闲得蛋疼，可自打我蛋碎后被屡屡发问，才开始认真思考起来。

讨论这个问题，我希望能使男女对彼此身体的疼痛有更清晰深刻的认知。下回当你的亲友被病痛折磨时，你可有更多同理心和同情心，真正理解苦难中的人们。

## / 疼痛等级

疼痛级别的划分，世界卫生组织只划了4级：1级，轻度间歇痛；2级，中度持续痛；3级，重度持续痛；4级，严重持续剧痛欲死。而在医学界，常用的划分却是10级：0—3级是轻度痛；4级影响睡眠；4—6级是中度痛；7+以上都是重度痛，无法入睡；10级为剧痛。

那么，怎样级别的痛才有资格划入10级痛呢？譬如，有号称"天下第一痛"的三叉神经痛、带状疱疹、晚期肿瘤痛、神经痛、脉管炎等。像三叉神经痛，是医学界公认的神经系统中最痛苦、最顽固、最难治的病；而带状疱疹，是免疫力低下引起的病毒感染性皮肤病，会疼到产生幻觉，几欲寻死，照民间的说法，如果长在腰上连成一圈的话，就是"缠腰龙"，会被活活疼死。本人很荣幸，在几年前曾被疱疹大人光顾，所幸没有腰缠龙，留了条小命，苟延残喘到现在。

每个人的神经末梢密布处，像手指脚趾，像嘴唇和肛门，都属于疼痛高敏感区。所以，痔疮和肛瘘的病人，术后换药时，会感觉被活剐，达到疼痛最高级，超过分娩。而肉多皮厚的部位，如屁股，即便你发力猛拍，也无大碍。

像一度烧伤、严重的腰椎间盘突出，都能达到8—9级，据得过这些病并且生过孩子的患者亲述，分娩别说和三叉神经痛相比，就连胆绞痛的十分之一都不及。和这些痛比起来，生孩子，那根本不算个事！

过去，人们发明了一种测痛仪，用镜子将1000瓦的灯泡光打在皮肤上，不停升温，看被测者忍受的限度来给疼痛定级。可惜，疼痛是种复杂的主观感受，你咋知道那个被测者的痛感就和其他人的痛感一样呢？用测量仪分级，既不易掌握，也不实用，后来，这方法就不了了之了。

如今，常见的疼痛测量法是自我感觉法。用把10厘米的尺子，上标10个刻度，0分表示无痛，10分表示最痛，让病人在直尺上标出代表自己疼痛的位置。对这种方法，我的困惑是：你的疼痛等级只是你的，不一定与我的一样。而且，除了生理上对痛感的差异，还有性格差异，也会影响对痛的表达。

比如，从性格的普遍规律而言，黄色性格，他们会忍耐，有疼也不说，不愿让别人知道自己忍不住疼，他们希望自己是生活的强者，希望给别人坚强的感觉；但红色性格，并不介意把自己的疼喊出来，希望别人能够知道自己正在疼痛中。所以，是否存在这样一种可能——明明某人的疼已达9级，但他的描述和反应，让人们觉得可能只到他的5级；但另外一人的疼，其实只有5级，但他给出的反应，让外人觉得他已经快死过去了，已到他的9级了。那会不会迷惑了医生的判断呢？

也许医学界早有自己的独门秘籍来准确测量疼痛，但我始终认为：疼痛这玩意儿是相当主观的感受。外人可感受到你的痛，但这个痛和那个痛到底有多少距离，还是因人而异。

## / 男人说蛋痛

蛋疼分很多种，由于不同情况引发的蛋痛，性质不同，痛感不同。

最常见的"蛋疼"是阴囊出血。因为阴囊内壁血管密集，剧烈摩擦可能会导致血管断裂。就像小时候翻墙不慎，裤裆短时间内剧烈摩擦，假设阴囊外皮未破损，那么很快蛋蛋会充满血液，肿得和椰子一样大。国学大师季羡林先生在《牛棚杂忆》中就描述过自己类似的症状。

> 我干了几天活以后，心理的负担，身体的疲劳，再加上在学校大批斗时的伤痕，身心完全垮了。睾丸忽然肿了起来，而且来势迅猛，肿得像小皮球那样大，两腿不能并拢，连站都困难，更不用说走。又过了两天，睾丸肿始终不消，便命令我到几里外去找部队医生，我裂开两腿，夹着个像小球似的睾丸，蜗牛般地爬了出去。医生听说我是黑帮，不给看病。过了几天，我没停止劳动，没服任何药，睾丸肿竟然消了，又能上山干活了。疼痛自然是免不了的，不过这是几种类型里相对最轻的痛。

如同先生所述，这种阴囊血肿的疼痛不算最痛。而在本文中讨论的"蛋痛"，其实是特指意外伤害造成的疼痛。像有些经历过车祸、骑马或莫名碰撞而导致蛋蛋扭转或错位的朋友，这种疼痛比内出血要心惊胆战十倍。

我采访了很多我的朋友，问他们是否有蛋痛的体验。所有人都异口同声地表达了对我的同情："乐兄，你这样的动静百年难遇，我们没机会遇到。你节哀顺变，祝你早日打响新年第一炮。"而他们所有人只分成两类：一类是偶然被撞，痛个把小时就好了；另一类，蛋蛋的安全防御工作一直做得很到位，从未体会过蛋痛。

我告诉第二类朋友，体验蛋痛很容易。你先捏捏自己的肚皮，有一丝痛感，就放手，然后用刚才一半的力量去捏自己的蛋蛋，就可以了。

我唯一担心的是，捏完后，要多久才会有力气说出话。

在我出事后，有很多关心我的网友在乐嘉公众微信号上留言，以他们曾经的遭遇鼓励我，说了他们的共鸣。

1. 小时候爬窗户上，一条腿刚跨出去，后面的小伙伴一推，蛋直接对着窗框猛烈撞击！当时下体非常胀痛，疼得说不出话，走路都想跪下。我一句话都说不出来，走回家，头顶着被子，无论做什么，疼痛一点不能缓解。蛋疼，是全天底下最疼的了吧。就那么一下，我整个三天就躺在床上了。

2. 乐哥，我曾经一屁股重重地坐在建筑工地的木头缘上，那种痛，比我脚趾甲盖被石头砸到后，当场被硬生生地拔下来那种疼，还要疼得多。我觉得蛋疼绝对是属于悠远深长的痛。从低谷到高峰，越来越疼，最疼的时候，用手捂住却无可奈何，以至于那时的我，好几天都没有如厕的欲望。

3. 我是在训练越野跑时，太累了，没看清有个深坑，右脚踏进去，腿向内侧挤了下，导致蛋蛋扭转，血液不通。最痛的时候，从夜里1点到凌晨7点，卫生队查不出原因，就忍痛了两天。当时发病，就好像有百人从上面踏过去，而且是来回踏，疼了4个小时后，疼累了睡着了。第三天发现有积水了，才去医院，已经坏死，就摘除了。整个下腹到大腿半瘫，任何人哪怕轻轻碰我一下，都能嗷嗷叫。看到乐嘉老师您写的文章描述全过程，真的是感同身受。自从知道您的遭遇之后，我常跟我老婆说，特别想抱着您，跟您一起痛哭一场，现实中跟我们有同样遭遇的人，懂得我们的痛的人太少了，那是对男人自尊心最无情的打击。不过老师您放心吧，我老婆现在每次都能跟我像没割掉前一样欢快，您懂的。

4. 一个朋友闹洞房时，跳起来一屁股坐在婚床柱状物上，那种脸发白和眼神迷离的神情至今清晰，当时直接倒地，5分钟没出声，过了好大一会儿，才边呻吟边大骂起来。然后他两个礼拜都待在家，我们几个去慰问，都被赶了出来。我承认我为这事没发生在我身上而庆幸，以至于以后我都不坐在任何床的床尾，以免悲剧再次发生。

5.我躺着休息，同学大概看我裆部隆起，就用手掌劈了一下，当场就把迷迷糊糊的我，直接疼得跳了起来……疼得整个下午肠子都在发抖，用了四个热水袋捂肚子，还是浑身发抖。后来终于明白为什么格斗不准踢裆部，那玩意儿一招击，任你拳脚功夫再逆天，任你再扛打，再厉害的男人，那地方都是薄弱如纸。要不是那同学是我发小，我真的早就打死他了。此后，我真的两年没和他说过话。

6.以前，我和男友闹着玩，不小心碰到过他，他那时痛得当场躺在地上打滚，我还说他装，他就为这个，要跟我分手，我当时还很不高兴跟他吵架。读完你的文章以后，我终于能理解蛋蛋对男人的重要，就像我们女人看重自己的胸一样。

对那些开玩笑不知分寸，下手不知轻重的年轻朋友，我只能说，你的生理常识真的太匮乏。万一出了问题，你朋友是一生身体遭罪，而你将一生被愧疚折磨。我只能向你报告，女子防身术中，撩阴脚只能用在自卫的紧急关头。有人会说，女人如果被踢到下身花园也会很疼，但女性的器官并不外挂，蛋蛋哪怕只是拍一下，也会要命。任何蛋上的挤压、撞击、牵扯、压力，都会马上传递到白膜神经。伤者会感觉疼痛钻心，双膝跪地，蜷成一团，伴有恶心、头昏、目眩、瞬间昏厥，甚至引起神经性休克或死亡。

事实上，通过制造蛋痛对人体进行伤害，自古就有。在非洲部落里，至今还有专对男人蛋蛋的酷刑，极容易引发受刑者疼痛而死。在《007：大战皇家赌场》里，就有大反派为逼007说出密码，祭出最高刑罚——抽打蛋蛋，当然剧情是为了塑造超人，007终究没说出密码。

　　美国二战老兵在回忆日本战俘营生活时也曾提到："他们扒光我的衣服，把一根拧成麻花的湿竹竿兜过我的裤裆，绑在横竹竿上，再把我挂起来。阳光越来越强，竹竿开始变干、收缩，锋利的竹片和尖利的竹刺，像千万把尖刀一样剐着我的蛋蛋，刺进蛋蛋。时间长了，我的蛋蛋被生生挤进腹部，当时感觉这群不是人的东西没打麻药就直接把我割了。"

　　纳粹时期，盖世太保摧残集中营囚犯的刑罚五花八门，据格拉布纳战后在克拉科夫法庭交代：审讯时常使用的刑罚中排名第一的是荡秋千，排名第二的就是摧残生殖器。那时对男人的做法主要是，用长针刺入蛋蛋，或狠命踩蛋蛋；对死不吐口的囚犯，就干脆踏碎蛋蛋，使他们在难以忍受的剧痛中死亡。

　　关于我蛋痛的细节，在前面各章早已仔细说明，不再赘述。以我自己的亲身经历而言，很多男人把蛋痛当成痛之翘楚，是因为蛋痛有个最大特点—— 蛋痛有着最为强烈的内心恐惧。因为阳具是所有男人一生最重要的命门，没有之一，如果说男人通过征服世界而征服女人，那么当你征服世界的时候，没有了生理上征服女人的工具，男人将不成为男人，征服世界也将毫无意义。所以，这种心理的恐惧感加上生理的疼痛感，会痛上加痛。

## / 女人说分娩

　　分娩痛，也许我此生都没机会体验，只能待来世投胎后再说。但大千世界，无奇不有，居然真有男人会去体验，真是服了。

　　2015 年 6 月，荷兰男子 Tom Mitchelson 为感受女人分娩的痛苦，在阿姆斯特丹的生育中心用仪器模拟体验了女性分娩的过程。他在腹部安装了一个叫电脉冲的仪器，让电流迫使肌肉模仿宫缩。实验刚开始他就鬼哭狼嚎，两小时后求医生立即停止，感觉走了回人间炼狱。他的女性朋友们嘲讽道，你小子那才只是刚开始，连女人分娩痛的皮毛都还没体验呢。我看到这条新闻后，立即缴械投降，甘拜下风。

在我写本文时，因为这个话题，我得以采访一些女性朋友，请她们分享对分娩经验的回忆，下面摘取了一小部分，她们所描述的体验，让我对女性的抗疼能力肃然起敬。

1. 先感觉小腹像拧毛巾一样，越拧越紧，紧到不能再紧，就开始撕裂。撕裂痛从小腹开始，愈来愈强，痛到钻进骨头里，像是骨头在被电钻钻孔。这种钻孔的感觉开始蔓延全身，从盆腔到头顶，感觉头骨快裂了。由于小腹不断地快速抽紧、撕裂和全身骨裂，呼吸全乱了，变得非常浅和急促。但撕心裂肺只是刚开始，当五马分尸的感觉占据全身时，我就想拼命逃出产房，无奈手被绑住，还有几个护士压着。当我哭喊着给些麻药时，医生、护士及周围的人，没一个人对我有怜悯之心。都说，不能打麻药，对孩子不好。我高呼："你们怎么不考虑我的感受？"那时，我觉得整个世界都在背叛我。恨医生，恨护士，恨老公，甚至恨小孩，这么折磨我。在他们眼里，我的哭喊及整个人都不存在，他们眼里只有 baby，世界对我的疼痛及死活不屑一顾，我心里充满了绝望和仇恨！生完后，思维和理智才又恢复。

2. 上午 9 点多开始宫缩初痛，对痛经的女人来说，这完全可以承受，但后面发现，我错了，这才刚开始。宫缩一阵比一阵厉害，每隔段时间，会疼一次，一直在抖，还在吐，到最后，隔几分钟阵痛一次，那感觉生不如死，世界末日要到了。我看到其他生孩子的女人疼到一定程度都能喊出来，我却疼到连声音也发不出来，这种疼一直持续到下午 18 点。医生手伸进去，把羊水戳破，一直到晚上 19 点才上的手术台。为了早早摆脱疼痛，我答应医生侧剪，没打麻药，医生撕着阴道用剪刀一刀刀在剪，我都听到剪肉的声音，剪后孩子很快生了下来，之后，医生又没打麻药，把侧剪的地方一针针缝上去。你能想象女人自然分娩有多可怜吗？

3. 三指才是我噩梦的开始。送进产房，疼得我直撞墙，还用手使劲掐大腿，大腿被自己掐得肉已烂掉。干吗要掐大腿？因为疼的主要部位是盆骨，下辐射到大腿，上辐射到脖子，能感受到间歇性从腰椎和盆骨传来断裂的声音；最后，产婆用干毛巾给我擦完头发，换了身干病服，递过来一杯喝的——连吸吸管的力气都没了，那身病服拎出水了。我算是幸运的，整个产程不过5个小时，那些产程24小时的姐妹，不知她们怎么活下来的。

4. 先是腹坠感，肚子往下掉，这种阵痛还能忍，但开到三指，就忍不住了，感觉有双手在身体里撕扯。到后面七指的时候，已经疯了，整个人从下体被撕开，而且还是慢慢撕，慢慢裂，让你一直保持在撕裂过程中，你以为已到极限了，冷不丁再加重一层痛楚。我放声痛哭，喊着说我不生了，要剖腹产，太痛了，后来被医生劝说了，才继续。然后，发现我的尾骨上翘，卡着婴儿的头出不来。我咬着牙用力屏住，活生生把自己屏成骨裂，要知道我此生从没骨折过，生完孩子，其他疼都不当回事了。孩子头出来时，医生不让用力，让我放松，要靠产道收缩把孩子挤出来，一用力就会撕裂。我痛到想打人！那感觉就像，你在得痔疮时拉屎，便秘了半天，好不容易拉出来一点，然后告诉你不能再用力了，要靠括约肌的收缩让屎拉出来！当然，生孩子的痛是得痔疮时拉屎的100倍！

5. 我不敢呼气，只剩吸气，因为一呼气就有股力量要和缩紧的肚子抗衡，会更痛。但最科学的方式是要深呼吸，我试了一下，深呼吸一口气，感觉肚子被送进绞肉机里搅碎，疼成了一个硬硬的肉疙瘩。然后，骨盆的骨头分离撕扯，像被五马分尸一样，能听见全身骨头慢慢裂开，最后就痛麻木了，完全没有知觉，就算拿刀划开身体，也感觉不到痛。我生完孩子，医生都惊呆了，活生生把病床的栅栏给掰弯了。

6. 从一指到三指，是5倍痛经的痛加上大便坠涨感，腿疼到发软，站不起来，感觉一个大石头卡在肛门，要排又排不出，能听见盆骨在慢慢撑开咯吱咯吱的声音，我猜想直接打断一根骨头，可能疼得会更痛快点。从五指到开完，10倍痛经痛加大便坠涨感，加上恶心想吐的感觉，求生不能求死不得，10秒1次阵痛，每分钟都在搏命。等躺在产床上分开腿，只有呻吟。最后剪肉的痛跟扩宫的痛相比，真的是小巫见大巫了。

以上受访对象，几乎都是初产妇，当我采访到再产妇的时候，她们都表达了第二次的痛感只有第一次的一半。从无数当事人的叙述中，可以总结分娩疼痛的规律：

第一，有痛经体验的女性，几乎每次痛经都是痛不欲生，想去寻死，觉得做女人是一生最苦的事。但当痛经痛和分娩痛比起来，她们瞬间都不想死了。

第二，疼痛开始都是轻度宫缩不适，随后，疼痛增强。几乎人人都提到了疼痛的波浪感，一波还有一波高的宫缩。痛来时缓慢，逐渐增强，直到痛达顶点，又缓慢褪去。好比海浪向岸边涌来，不疾不徐，逐渐增强，越来越大，直至冲天骇浪，潮水褪去。

第三，从疼痛面积来讲，没有明显的点位。分娩痛几乎以肚子和小腹为圆点，四散发射，包括耻骨联合、阴道、会阴、后背、骨盆的混合型疼痛，绝大多数人都用五马分尸这个词来形容自己骨裂的感觉。

第四，疼痛感跟心理状态有很大关系。如果有思想准备，知道接下来会剧痛，然后小孩就出生了，疼痛感会弱，这就是为何二胎没有头胎那么痛。如果在毫无思想准备的情况下，疼痛突袭，没完没了，不知何时是尽头，这种恐惧与紧张会扩大疼痛感，也会加速呼吸，减弱抗痛能力。

在了解完男人对于蛋痛以及女人对于分娩的看法后，下面，我会稍事比较。在比较前，还是要提出一个重要的术语。

## / 疼痛阈值

到底是生孩子疼还是蛋疼，这种比较，你让一男一女来辩，是没意义的。因为大家彼此都没掂量过对方的实力，都没走过别人走过的路，发言权都不够充分。

我觉得最合理的比法该是：找一群集上天宠爱于一身的人们，既生过孩子，又蛋痛过，将这两项经历完美地合二为一，然后每个人进行评价，最后，统计得出这群人的平均值。两个项目在同一个人身上比较，才有可比性，不同人做不同项目，咋比啊？而需要一群人，是因为如果只有一个人，样本量实在算不上充分。

这种比法，想必你早就料到，可问题是到哪儿去找这样的一群人，怕连一个都找不到。

也许还有另一种方法可用。那就是，蛋痛的人和分娩的人同时都有过另一种相同的痛，然后，大家都用那个痛为基准参照打分，再对比。比如两人都得过坐骨神经痛，都觉得这个痛要命，那就以各自的蛋痛和分娩痛与各自的坐骨神经痛对比，得出系数后再比。但这种比法最大的问题是，你咋知道这两人对坐骨神经痛的痛感认知一样呢？

每个人对疼痛的定义和忍耐力根本不一样。比方说缝针，你觉得只不过像被毒蚊子狠咬了一口，而我一针下去，就疼得尿裤子，我俩的"疼痛阈值"根本不在一个段位，我有啥资格和你比啊。所谓"阈值"就是你身体承受的一个度，阈值高的人，自然忍痛能力就强。

养狗的人都知道，全球犬类战斗力榜首是比特犬，国人引以为傲的藏獒在这个排行榜上连季军都排不上。比特之所以厉害，不是因为它的体型和凶猛，除了惊人的咬合力以外，关键原因是，这种狗没有痛感，你可以理解为，不管你怎么咬它，它都不疼。它在战斗时分泌出来的激素可以让它忘掉疼痛，肠子都撕出来了，还像没事一样，继续跟你干，你想想其他品种和它打起来，怎么可能干得过它？这就是痛阈值最高的狗。

国内一项调查发现，产妇面对分娩疼痛，6% 认为是轻微疼痛，痛阈非常高；50% 认为明显疼痛，但可忍受；还有 40% 痛阈非常低的产妇认为，产痛是痛不欲生、撕心裂肺、无法忍受。

就像我的朋友轩儿说："每个人受痛力不一，我比较耐疼，10 岁时摔跤，脸上缝针，没麻药，大人们说我眉头都没皱。生孩子，虽然疼，但一直到生下来，也没叫过疼。我老公那天坐我病床对面工作，说我如果疼就叫他，但一直到孩子生下来，我也没叫过他。所以，我的感受也许不典型，有些姐妹说疼得生不如死，我个人很难体会。"

故此，每个人的感受都不一样，只有你真正经历了，才能判断。

## / 男女对决

我蛋碎后，全国流传了各种段子，其中"乐嘉蛋痛相当于分娩 160 个孩子"的说法被媒体广泛流传。文中对蛋痛的描述是：女人生孩子要承受 57del 的痛楚，碎 20 根骨头。而男人被踢到蛋，痛楚是 9000del，换算过来，就是同时分娩 160 个孩子，或断 3200 根骨头。

人们问我这个观点是对还是不对？这个数值我严重怀疑是网上以讹传讹，故此，回应一指向天，含笑不语，所谓"教外别传，不立文字"。这一指，随便你往哪个方向想，你可以理解为，"错，一派胡言"；你也可以解读为，"对，一语中的"。

## 一派胡言论

蛋痛比生孩子更疼，纯属一派胡言。

原因是：我对自己的抗痛力有清醒全面的认识，看了我那些女性朋友们的惨烈，如果我生孩子，怕连生一个孩子的痛都熬不过去，现在，我居然扛得住一个人生 160 个孩子？我就是此生做拿奥斯卡的梦，也不会往这样的荣誉去想，惊恐骇人，恕不从命。

一定要从技术上分析，我的理解是：

第一，蛋痛的疼痛曲线是由高向低，很少由高向更高，就算有，波段也不多。但分娩疼的疼痛曲线是由低向高。

第二，分娩痛的持续时间远超过蛋痛。

第三，蛋痛虽痛，但给蛋蛋做手术，不可能不打麻药，而分娩中的顺产是不打麻药的，所以，没有可比性。如果男人能在蛋蛋上做手术时，不打麻药直接动刀，这和女人顺产的分娩相比，不用比，肯定是男人疼。但我估计一刀下去，关羽都会当场休克，连喊疼的机会都没有。

我必须在这里再次特别强调，每个人的痛感不同。请问：此刻，你自己体验的蛋疼是不是你的第一疼？你自己体验的分娩是不是你的第一疼？你自己体验的三叉神经痛是不是你的第一疼？你自己体验的肿瘤痛是不是你的第一疼？你自己体验的失恋是不是你的第一疼？……如果是，那就是你世界里的最疼。在疼这个事情上，没啥好说的，每个人都是绝对的唯心主义。

　　一个人疼痛难忍时，甭管什么病，总认为自己正经历着举世无双的酷刑，在疼得快活不下去的时候，人们绝不同意"没有最痛，只有更痛"，都认为自己的疼痛最难忍，只想着赶紧从疼痛中超脱。说到这里，还是得重复一遍，麻药的发明者是多么伟大。

　　还有一种疼也许是你意想不到的——在本文前面我提到有个朋友，就是那个疼到可以把产床的钢条给掰弯的那位朋友，采访临了，她和我说，分娩之痛虽然无以复加，但和情伤后心碎的痛比起来，又算得了什么呢？所以，文艺青年的文艺范儿一发作，剥肤之痛也得给心痛让路。

## 一语中的论

　　蛋疼比生孩子更疼，绝对一语中的。

　　原因是：蛋痛，绝不仅在于肉体本身，与分娩相比，至少有如下特点：

　　蛋痛，是悲哀；生孩子，是期待；

　　蛋痛，是恐惧；生孩子，是幸福；

　　蛋痛，是地狱；生孩子，是天堂；

　　蛋痛，是人生的失败；生孩子，是人生的成功；

　　蛋痛，是肉疼心也疼；生孩子，是肉疼心不疼；

　　蛋痛，疼到底，此生都见不到自己的孩子；生孩子，疼到底，就可以看到自己的孩子。

　　想想看吧，悲哀 vs 期待，恐惧 vs 幸福，失败 vs 成功，地狱 vs 天堂……

　　医学和科学已经证明，疼痛过程中，影响疼痛指数的要素很多，但最最最重要的一条就是心情！心情好，则痛感低；心情糟，则痛感强。如此这般，两相比较，对男人来讲，最惨绝人寰的莫过于蛋蛋受损；而对女人来讲，分娩就意味着凤凰涅槃，一个新时代的开始，开启了人生新的篇章。这样看来，当然是蛋痛要痛得多，蛋痛之痛，岂止区区分娩 160 个孩子可比？痛苦与喜悦相比，即便 1600 个，也不为过吧。

心情和精神的力量，到底能有多大？

有个朋友对生孩子的形容很妙。她说，分娩痛，是那种如果在操场上裸跑 10 圈可以不疼的话，她立刻会丢掉女人所有的尊严冲出去。可是，她又强调，生孩子的疼是很奇妙的疼，生的时候很痛，可小孩一出来，就啥事都没了。当孩子一出来，她激动地叫护士给拿个冰淇淋，本来还想喝啤酒庆祝，考虑到要喂奶，就吃个甜品算了。因为早已忘记疼了，所以后来还想继续生。

而另一个朋友，显然把精神胜利法用到了炉火纯青。她说，痛到快死的时候，就在脑海里想象这种痛像大海，不要和它抗争，而是顺着它起伏，像波浪一样。因为你知道有希望！因为你知道这种痛有尽头！！因为你知道疼痛的终点是幸福！！！想着想着，她就不疼了。

所以，女人生孩子，在痛的时候，可以不停地暗示自己：苦尽便是甘来，我的每一次苦楚，每一丝痛，都带着幸福，都带有使命的荣耀和人性的光环。而男人的蛋痛，能有什么？除了呼天喊地，哭爹叫娘，悔不当初，期待疼痛赶紧消除外，再没什么拿得出手的理由可以消解。

不管是"一语中的"还是"一派胡言"，对比谁更痛，是没有意义的。对我们真正有意义的是——美丽都是在艰难后绽放。愿你受过的所有疼痛，成为你人生回忆中的珍藏。

愿正被疼痛折磨的人们，心怀美好念想，光明就在前方。

# 02

## 自查

· · ·

**举手之劳，防患未然**

蛋蛋是如此重要，但可惜男人对自己蛋蛋的了解，远没有男人对月球的了解多；而女人需要享受元阳之气的大美，可对蛋蛋的基本常识，也几乎为零。不得不说，蛋蛋，是被人们忽略的英雄。不过，还是那个观点——人们总是忽略幕后英雄的。

在我这次蛋兄受创前，我万万想不到蛋蛋的学问如此博大精深，让我懊悔的是，过往这些年，我每天都在用各种不正确的方式摧残着自己的蛋蛋。过去，因为我的无知，蛋蛋跟着我，吃了那么多的苦，可以说，我从未善待过他，既没在战略上把他放在一个重要位置，给予足够的尊重和承认，也没在战术上给予足够呵护。现在，方才意识到，蛋蛋的一生，不仅关系男人一生的福祉，更关联男人一生的命脉。说小了，繁衍后代；说大了，生命之本。

在学习保护蛋蛋和锻炼蛋蛋前，你先要了解一些基本概念，那就是，你真的确定你知道自己的蛋蛋现在是健康的还是不健康的吗？

## / 蛋蛋自查

我在英国旅游时，朋友曾带我去参加一个男性健康讲座，我觉得自己英文那么烂，听不懂人家在说啥，就别暴殄天物了。但朋友极力推崇讲座的落落大方和幽默风趣，并且承诺可以随时做同声传译，我就舍命陪君子了。

整场讲座，听众男女各半。演讲者用语相当坦荡，那些被不怀好意的猥亵小人引为下流的词语，在这场讲座中却高频出现，可听上去有趣真实，生活中的一幕幕画面栩栩如生地再现在眼前，多年后，依旧记忆深刻。更重要的是，那场讲座里提到的健康意识，到现在依旧每天提醒着我，我很庆幸当初去听了那场讲座。就像本书一样，虽然你偶尔会见到日常生活中的俗语与俚语，貌似不雅，但在本书中出现时，看上去却是一身正气，弥漫着人性的魅力和科学的光芒。哈哈，我这样毫不客气地自夸，是否显得过于狂妄？其实，正在读本书的您，想来应是一位有品位的阅读者，在此借用李敖的话，所谓"清者阅之以为圣，浊者阅之以为淫"，你看本书时得到些什么，取决于你以怎样的心态阅读本书。

印象最深的是讲者本人的一个故事，故事是想说明女人对男人的身体了解是多么可怜。

他的女友对他可以在洗澡时检测自己的阴囊迷惑不解，女友认为，男人的宝物长在身体正下方，跟阴道的门口位置差不多，而且前面还有一根柱子横亘于中，就像淘气的女孩会躲在树的后面，时不时地探头跟男友说，来抓我啊。反正，女友就是觉得，正常人是不可能看见阴囊下部的。

他回答："不会啊，那玩意儿虽然不是没事就看得到，但真想看，可以翻上翻下，也不是那么困难。"

接下来，好奇的女友问了个让他崩溃的问题："可他不是在肛门的隔壁吗？你看不到肛门，应该也看不到他吧？"他翻了个白眼："拜托，阴囊和肛门差不多隔了两条街，有王府井到东直门那么远。"

对女人而言，少有人知道男人该怎样自测蛋蛋的健康，就像男人知道女人要自摸乳房检测，但也不知具体该怎么摸，说到底，女人关心乳房比男人关心乳房更甚。反之，现在轮到男人了。男人是否知道该怎样自查蛋蛋的健康呢？我看未必。至少此前，我自己一无所知。

我在这次受伤后，遍寻天下名医，请教了不少出世和入世的高人，提出可操作的两种方法。你可边看本书边操作，然后给自己的蛋蛋打个综合分。

## / 传说中的 OK 法

古往今来，所有文学及影像资料中，刻画鸡鸡者众，描绘蛋蛋者稀。对天下男人而言，大家都对茎之雄伟巨硕极尽向往，但对根之饱满稳健并不在意。这不仅是男性，女性也是如此，当闺蜜间切磋房事细节，常会用"那话儿"等暗语来替代鸡鸡。（在古代章回体小说的口语中，这词已被高频使用。）从未听说，有人提到蛋蛋的时候会光彩照人，似乎蛋蛋就从未存在过。

在本书上部，我已阐述了蛋蛋的体积与战力的关系，所以，蛋蛋大小是蛋蛋健康与否的基本晴雨表。

小蒋医生告诉我，民间有个蛋蛋自测的"OK 法"——男性蛋蛋的尺寸，应和拇指与食指圈成的圆圈差不多大。具体办法是：自比 OK 手势套蛋蛋，不松不紧，蛋蛋正常；略松或略紧，都无大碍；很松或塞不进，值得商榷；如蛋蛋萎缩，可能是提早衰退；如原来可塞进但突然塞不进，小心病变。

但他也提到，也有人说，不同男性的蛋蛋大小不一，手的大小也不一。天生蛋蛋大或手指较短的人，蛋蛋本就可能套不进 OK 圈。而那些蛋蛋本可套进 OK 手势，后来发展到套不进去的，可能睾丸癌已晚期。所以，在这个问题上，民间的这种 OK 说法，信则有，不信则无。

可我还是觉得这个一听就明白，听完以后，暗暗记下，待我一个人时，左右手各比画了几次，套来套去。手术刚做完那会儿，怎么也套不进去，心里凉了半截，担心会不会有什么病变，小蒋医生说我庸人自扰，术后正常肿胀而已。然后，每周我都毫不懈怠继续努力，直到有一天蛋与手严丝合缝，心里真是满满的幸福感，想不到，快乐也可以这么容易就得到啊。不过，我早就想好了，如果我怎么套也套不进去，我会对自己说，不要紧，我还有另外的方法，那就是"自摸法"。

## / 可以操作的自摸法

我在《本色》里提到过年少时自慰，13 岁时，那小东西剑拔弩张仰天吐信，我就在浴缸里借洗澡之际生平第一次体验了恐惧与快感是怎样强烈交织的。那时年少，性知识少得可怜，可老师在生理卫生课上，每每教到生殖器官时，如临大敌，板着面孔，一带而过，告知大家此章毫不重要，各位同学课外随意阅读就好。

毫不重要？可惜可怜可叹！青春期的性教育，包括性生理、性方式、性后果、性伦理等等，在青少年最危险的年龄，最渴求了解性的懵懂年龄，居然正规渠道不给任何正面教育和引导，视为洪水猛兽，逼得多少年轻人只能通过非正常渠道自学，少不得有人误入歧途。在关于性的问题上，我的态度是，打开天窗说亮话，明白人性的基本需求不可能糊弄过去。不知到何时，吾国教育体系中探讨"性"的时候才能做到尊重人性，开明自然。

反正，我们那代人都是靠孜孜不倦地自学，而且不管怎么学，都觉得知识不够用。

与男人手淫时自摸鸡鸡（民间俗称"撸管"）可获得快感及至高潮不同，自摸蛋蛋本身，并不会得到高潮。但养成定期自摸蛋蛋的习惯，对男人的健康无比重要，这个重要性，就像很多女性自摸乳房检查肿块一样。可惜没事常去自摸蛋蛋的男人太少了，男人们宁愿把更多的精力用来感慨自己鸡鸡的大小。

蛋蛋可能出现的问题还包括肿、胀、硬、疼、坠等，这些都有可能是睾丸癌的前兆。不过，早期发现，容易康复。蛋蛋肿瘤引起肿大时，一般不会疼痛，有时只有一点儿坠胀感，而且早期表面光滑，难以发现。遗憾的是，蛋蛋肿瘤不仅高度恶性，而且病情隐蔽，又容易转移，因此，早发现早治疗，是关键的关键。这就要求蛋蛋的主人最好从 15 岁以后的青春期开始，养成每月一次自摸蛋蛋的习惯。

自摸法其实很简单：洗完热水澡，当阴囊柔软松弛时，保持站立，抬起左腿或右腿，脚踩椅上。将大拇指放在睾丸的上部，食指和中指放在下面，轻轻转动并揉捏抬腿侧的睾丸，摸摸看是否有肿块、触痛或异样。（附睾是紧贴蛋蛋外侧的半月体，质地稍硬，检查触摸时容易被误认为肿物，别搞混了。）当发现蛋蛋有硬肿、疼痛、肿胀、压痛，皮肤上鼓起疙瘩或溃疡时，要立即就诊。

我发现，所有的泌尿科医生对正常蛋蛋的描述，简单来讲，就是十个字——"平滑无肿块，饱满不坚硬"。而男人去检查时的侧重点也应该是自问三个问题：有没有胀大肿块？有没有异常硬度？有没有莫名疼痛？

方法其实真的好简单，关键就是你要当回事，当成重要的事来做。举手之劳，养成习惯。这就像很多人常问我练肌肉的秘诀，我跟他们说难得去健身房，除了家里一对破哑铃外，啥都没有。人们很诧异那怎么练习，我只能说，我的经验就是简单动作重复做，基本功的重复练习，会有奇效。你买了那么多健身书，你办了那么多健身卡，你看了那么多健身图片，你知道那么多健身知识，你不练，有个屁用！所以，从现在开始，当成个习惯，一个月就那么一分钟的习惯，可免除蛋蛋的危机。

## / 难言之隐

像我遭遇这次蛋碎，概率微乎其微。我开始一度认为，这种情况乃亿万分之一的奇遇，必是人品好到极致，才修来的造化，可后来《我是演说家》节目里我收的演讲学生曾庭民跟我说了件事，让我有点受打击。（详情请参阅《演说家是怎样炼成的》）

小民曾在广州消防部队服役了 12 年，他说在广州地区，因为这个滑竿训练项目有危险，早已被取消了。我录制节目的那个上海消防队刚好是全国优秀标杆中队，在那，项目恰巧被保留下来。我算是交了一个大大的狗屎运，遇见这样的美事。

我有点沮丧，原以为我的悲惨经历能给全国与滑竿有关的训练机构、组织和个人提个警示，以铜为镜，以史为鉴，现在看来，并不算稀奇，一定还有不少朋友惨遭滑竿毒手。我真心期望，在我之前有古人，在我之后无来者，碎了既算不上烈士，也没为国争光，不必要的代价，不值得付出，革命之路很长，没必要为了成功，故意搞得遍体鳞伤。好比来到这个婆娑世界，此生做人，可以不怕受伤，但若以为不受伤就达不到彼岸，那就傻帽了。世上摔得遍体鳞伤，也到不了彼岸的人一抓一把，重要的是，学会不断反省和思考。

话说回来，蛋碎在蛋蛋难言之隐排行榜上还是可列于前茅的。

此外，还有一些常见的蛋蛋难言之隐，随便列举几个，比如精液囊肿，附睾炎和睾丸炎。这么高级的病，你听过吗？

我试着简单翻译下：精液囊肿，就是待在睾丸或附睾的精子发生的良性囊肿，肿块如糖，犹如第三个睾丸。附睾炎，精子的原料产在睾丸，但会在附睾里细加工，经由输精管运至鸡鸡，一炮轰鸣，万马齐出。抵抗力低下时，病菌便会攻入输精管，逆行倒流，直抵附睾，引发炎症。睾丸炎，多由附睾炎的细菌蔓延至睾丸，因为附睾与睾丸就在隔壁紧贴，唇亡齿寒，难兄难弟。

医生对我说，附睾炎和睾丸炎，都是青壮年普遍的常见病。但在过去，我闻所未闻，可见，底盘生病，大家都讳莫如深，觉得见不得人，不愿提及，偷偷治好，阿弥陀佛。

除了这三个以外，我掂量了很久，还有另外三个——扭转、隐蔽、蚯蚓，我个人觉得是在生活中你会遇到见到听到的常见病。

## 1. 扭转

有种蛋痛毫无预兆，就是睾丸扭转，通常由激烈运动造成，就算没有严重外伤，蛋蛋也会自行扭转。因为蛋蛋本就活跃，不会一味盲从，它会跟随身体的运动而运动，它独立倔强的性格，有时会不羁地打破常规。

蛋蛋扭转并不罕见，可能会导致蛋蛋坏死被切除，通常以儿童和年轻人发病率高。拖延时间越长，切蛋可能性越大，即使不切，也会因缺血过久，导致蛋蛋萎缩。扭转这事，本质就是蛋蛋先天在房间里的结构不好，血管缠绕，血液不通，导致坏死。这种小概率事件一旦发生，相当惨痛。

有个中学生因为蛋痛，第一次在一个医院没诊断出来，换了家医院就诊时，那个蛋蛋已经坏死。在切除坏死的蛋蛋时，医生告诉父母，另一蛋蛋也有扭转可能，应马上对它做固定术。但父母害怕会对另一蛋蛋造成额外损伤，拒绝了。出院时医生再次提醒，可惜没引起重视，两个月后，另一侧蛋痛，送到医院，为时晚矣。此后，这孩子就没有了生育能力，并且一生还要靠雄激素维持男性体征，想起来都汗毛耸立。故此，特别强调，蛋蛋扭转超过6—8小时，坏死的概率很大，但多数人意识不到危险且害羞，蛋都快没了，面子有个屁用。

我请教了一个赤脚医生，他说，"文革"上山下乡时，地里干活的知青常遇这种事，扭转早期，就用"徒手复位"解决。一旦发生扭转，感觉疼痛时，左蛋蛋是顺时针方向扭转的，就要按逆时针复位；右蛋蛋是逆时针方向扭转的，就要按顺时针复位。万般疼痛时，这么触揉就可缓解，但发病时间一长，只能手术治疗。但徐教授告诉我，扭转后手法复位的成功率很低，而且要小心判断扭转的方向，并没百分百的扭转规则，万一扭错，后果堪忧。

## 2. 隐蔽

难言之隐的极致，可能算是隐睾症。不过尽管隐睾症"隐"到极致，但异常最容易被发现。

隐睾一般发生在新生男婴身上。父母摸男婴，若只一个睾丸，另一个空空如也，很有可能是隐睾。一岁以内，男婴的隐睾会从肚内掉下来，降位到阴囊，这就恢复了正常！如果一岁以后，男婴的隐睾仍没降位到阴囊，必须及时手术！及时手术！及时手术！否则一直不发现，蛋蛋就很难长大，到成人后，小若花生米。虽然性功能不受影响，但在长期高温烘烤下，这个蛋蛋基本就坏死了，生育力彻底完蛋，注定后继无人。

隐睾最大的麻烦是癌变概率高。所以，小孩生出来有这种情况，最好两岁前就把手术做掉。手术做法也有两种，要么切除，可避免癌变；要么做下降手术，降到正常位置，这样癌变可及早发现，但还是不能降低癌变概率。我在受伤后，有些网友在乐嘉公众微信号上（lejiafpa）留言鼓励我，一定要好好活下去，他们说和我有同样的切肤之痛。这些朋友主要就分两类，一类是撞后蛋痛，还有一类就是隐睾，说他自己就是一个蛋蛋，没事的。那时，我这个暂时还是两个蛋的人被一大群只有一个蛋的人拼命鼓励着，那种画面，好温馨。

## 3. 蚯蚓

十个中年男人必有一个被精索静脉曲张垂青，精索静脉曲张，就是蛋蛋上很多条青筋暴露，如多条蚯蚓密布蜿蜒，缠绵交错地趴在蛋上，而90%的精索都会集中在左蛋。这病发病时没啥感觉，不痛不痒，不影响生活，只不过捏在手中像是捏了团蚯蚓。但非常严重的人，会感觉隐隐作痛，像几条虫子钻进阴囊；更严重的，会有强烈的坠胀痛，站久了还会腰痛。我对我那个非常严重的朋友说，那岂不就是女孩来了大姨妈？他觉得不同，最大的差别是：姨妈来，一般三五天就走，蚯蚓来，就是定居，怎么赶，都赶不走。

在这章，我谈到蛋蛋的自查习惯，以及男人须知的蛋蛋症状，下一章聊聊蛋蛋保护的常识。

# 03
## 保护

.
.
.

死守清凉，蛋可无虞

对男人而言，蛋蛋的日常保护没那么复杂，只需做到两件事足矣，那就是——避免伤害和保持凉爽。

## / 避免伤害

在足球禁区罚球时，充当人墙的守方队员每次都要使出足球场最重要的招牌姿势——双手捂裆，因为足球运动员深谙一条真理——强物击蛋，命必休矣。2016 年元旦，我蛋碎后没多久，故宫一个原来关着的景点"断虹桥"就开放了。这座桥的奇妙在于桥上有只一爪摸后脑勺一爪护裆的"护裆狮"，想想动物都懂这个道理，何况人乎？

医生告诉我，交通事故中，常会看到阴茎撕碎的遇难者，可少有睾丸受伤的，这是因为阴囊是蛋蛋绝对的护花使者，可缓解外界撞击。如果阴囊突遭撞击，提睾反射的防御机制就会立刻启动，蛋蛋一旦觉察有危险，迅速上提，缩入阴囊深处，紧贴会阴，被居室紧紧包裹，就像乌龟头缩入壳中。只要击打不重，稍事活动，缩上去的蛋蛋很快会降到原位，不然，蛋蛋长期处于不正常位置，必然扭转，会导致组织坏死。但如果疼痛不止或尿中有血，就应立即救治，否则错失良机，追悔莫及。

故此，像球类运动、坠落、骑跨等，都是容易导致蛋蛋受伤的高危动作。不过蛋蛋撞击后容易疼痛，但却不易受伤，像我遭遇的滑竿蛋碎，也算千年难遇。说到底，最重要的，蛋有足够的自我保护意识。

以前我只知道女性有乳罩，这次受伤后，才知道原来早有"护裆"这样的装备。在拳击运动中，那是保护私处的重要装备，格斗、柔道、橄榄球、散打等肢体接触强烈的运动中，也会佩戴这样的护具，就是不知刘翔跨栏这行，要不要用这东西。反正 NBA 马刺队球星马努·吉诺比利在打球时被撞，蛋碎复原后表示，他戴上"护蛋罩"以后，感觉变成了钢铁侠，再也不担心和对手身体对抗，还反过来警告对手，小心你们的膝盖。看来，这就是男性的"蛋罩"了。突然觉得，活在世上好辛苦，难不成以后要"一朝被蛇咬，十年怕井绳"，今后一辈子带着蛋罩出门？如果是这样，还是不要出门的好，可不出门，也未必不会受伤，在家吃饭也可能被汤烫，上床睡觉可能被床架撞，可能性，无处不在。

事实上，男性的蛋蛋保护，已经不仅是平时不做一些伤害下体的动作就够了，风险无处不在。比如，千万别让你的对手在嘿咻时，过多用力拉扯你的蛋蛋，万一引发抽筋，连翻白眼的力气都没了。对女性来讲，轻抚或撩拨蛋蛋本身，可在性爱时增强快感，手法得当会加速兴奋，但拉扯这事，还是免了为好，你不会希望见到那种场景的。

作为男人，你还要特别小心那些歹毒的女人，她们可能在情绪激动下做出冲动的事，也有可能是恶意的，无论哪种，最后受伤的总是男人。

美国新闻网曾报道，有个 24 岁的英国女子莫蒂因男友拒绝与自己行房，一怒之下咬掉他的蛋蛋并吞下，很快又吐了出来，还递给这个男人，称"这就是你的蛋"，后来被英国利物浦皇家法院以侵犯人身罪起诉，判刑两年半。

像这种情况，我除了特别同情这个男人以外，只能说，这女的真的太坏了。

可如果你执意自我伤害，那也没办法。

你此生听说过周围有人自宫吗？我听说的第一个，是从 2016 年 2 月 23 日的《东南早报》，泉州福建武警边防总院收到一个 36 岁的男子自宫病例，鸡鸡被他自己用刀割掉了3公分，而原因居然是老婆连生两胎都是女娃，被亲戚嘲笑生不出儿子，愤而自宫。

在此之前，我知道的不为做太监，不为做阉伶，还会去自宫的，只有一种情况，那就是欧洲中世纪的人们。当时如果想生男孩，男人就会把左边的蛋蛋切掉，因为他们普遍流传生男孩的精子来自右边的蛋蛋，而左边的蛋蛋存放的是生女孩的精子。想想那时一心一意为了生个儿子，真艰辛。只是想不到，现在也还有这样的人。由于受到计划生育政策的影响，在过去20年里，男女比例严重失调，80后将有10%—15%的男人可能找不到女人做媳妇，农村失婚青年的比例会更高。生了两个女儿不是很好吗，大赚特赚，偏偏要去听周围的人的鬼话，只能感慨一声，没文化真可怕。

如果以上愚昧的影响还能理解，那么为了减少自己的性欲而自宫，你能理解吗？可世上真有这样下得了手的小兄弟。

威海媒体报道，2015月3月6日23点，某高校学生走进急诊室时表情平静，面对问诊从容回答，当晚7时许，他自宫后，为自己做了一个蛋蛋取出手术，对伤口进行了简单缝合后，只身就医。问及原因，答"自己喜欢没有性欲的生活"，这是他给医生的唯一理由。

这个故事远比上面一个对我的刺激更大。我百思不得其解，后来居然在国外的视频网站上发现，世上有这样行为的人并不稀奇。比如有些视频是分享如何在家完成自宫手术，对那些通过自伤而获得性满足的人，也就是被虐狂，SM中的M，他们还煞有其事地强调只能切除蛋蛋，因为这些人只是为了寻求短暂的性刺激，以后还是要用鸡鸡的。我看见视频索引标题的那一刻，就已两股战战了。

一项国外性学的调查，针对200例自伤生殖器的男男女女做了访问，探求心理的深层原因。他们通过不同的方式为自己阉割，理由各不相同，有的是为了省去变性手术的钱，有的是因为自行人流失败等等。心理学家调查过这些案例后，认为这些自宫的男人存在精神疾病。可精神病学家说，不要轻易把自宫者等同疯子，自愿选择成为一个阉人并不一定是疯了。

那么没有性冲动的生活到底是怎样？

作为一个性犯罪者，对自己的所作所为愧疚时，自宫就是一种赎罪，看看《笑傲江湖》里的采花大盗田伯光，自宫皈依不可不戒大师后，重获新生，你就可以理解了。

还有些自宫的人说，过去一直沉溺于做爱的欲望中，现在彻底解放出来了，他们感受到了只有在《瓦尔登湖》里才有的那种内心的宁静。

还有一些无性人，自愿选择放弃自己的性别，据说也会有这种平静感；当然还有一种与之彻底相反的想法，有的人希望阉割自己，就是为了满足自己的性幻想。

即便我写下上面这些文字，作为一个希望此生可拥有性美好的普通人，我对于乐意自宫的人的心理，依旧很难理解。如果出于性别认同困惑产生的障碍，可以找专业人士来完成专业手术。但是，如果只是想获得心灵平静或性满足，完全可以有更好的方法，不一定要用身体自残的方式来完成。当然，他们也许会驳斥我，"子非鱼，安知鱼之乐"。好吧，我尊重每个人对生命和生活的选择方式，保留对这种毫不安全的自我伤害的极端方式的最强烈反对。

说到底，在关于你的蛋蛋避免伤害这事上，记住——避免意外伤，小心他人伤，没事别自伤。

## / 保持凉爽

你觉得蛋蛋喜欢热还是喜欢冷？这个问题，如果你彻底搞懂了，后面所有的原则一条也不用看，因为所有的方法，都由此而起。

先看一条英国《每日邮报》的观点：男人穿短裙更健康，可保证产出高质量的精子，因此全球"最佳保精服"就是——苏格兰男人传统的格子短裙！几年前，我到苏格兰旅游时，头一次听说苏格兰男人的传统短裙里没有内裤，非常震惊，导游也讲不清楚原因。我臆测会不会是苏格兰高地上流行红高粱野合，行事方便，所以，把现代服装和原始野性完美结合在一起。现在看起来，是我的想法太过欲望，只能说苏格兰男人在保养蛋蛋方面，当之无愧乃全球男人的先驱。

此话怎讲？

男性生殖系统喜欢凉爽，一旦温度提升，细菌滋生，会引起很多疾病，并且必然影响生产精子。

阴囊默默无闻地为蛋蛋服务，热胀冷缩，为蛋蛋调节温度。精子喜凉怕热，制造成熟的精子，温度得35℃，必须比体温低2℃才行。如果温度太高，制造精子的"车间"就会运转不畅，甚至完全停产。如果温度太低，精子又会冻得受不了，就像参加过冰天雪地战争的军人，就有不少人的生育功能受损。

阴囊对外界温度非常敏感。气温低，蛋蛋自动升高，阴囊皮肤就紧缩成密密的皱褶，并回缩至会阴，防止散热，这有助于保温。相反，气温高，蛋蛋自动下降，离开躯体，阴囊皮肤就相应松弛，增大散热，有利于局部散热。阴囊上的褶皱，会随着蛋蛋蠕动而缓慢伸展或收缩。这种局部的皮肤运动，最重要的功能就是散热。

蛋蛋在生产精子时，能量消耗很大，有一部分能量也会变成热量，而这些热量对造精会有摧毁性打击，因为刚刚形成的精子对温度极其敏感，所以，为了保证精子质量，作为生产车间的两个蛋蛋就不能待在体内，需要突出到身体外部来增强散热。不仅如此，阴囊表面还可以伸展开较大的皮肤面积，这样就有了足够的热交换能力，以保证男人的亿万战士在冲杀之前保持强盛的活力。

所以，男人往往在夏天阴囊下垂厉害，表面湿润。而在冬天，由于保温，阴囊褶皱收缩到紧致而干燥。这是因为阴囊皮肤除了拥有强大的收放功能，汗腺功能也强大。皮肤伸缩散热和排汗散热通力合作，为精子生产保驾护航。

根据以上最重要的蛋蛋怕热的原理，日常生活需要注意三件事：

## 原则一：远离软沙发

软沙发是伤害蛋蛋的重大因素，这在过去，我从未想过。人类坐姿，是以坐骨结节作为支撑点，这样阴囊就可轻松挂在两腿间，就像椰林里的吊床，两棵树好比男人的两条腿，两棵树当中绑着的那张绳网，好比男人的蛋蛋。可当你坐在沙发上，支点下沉，整个屁股陷到沙发中，沙发中的填充物和表面用料就死死包围和压迫阴囊，阴囊受压，静脉回流不畅，蛋蛋附近的血管受阻，瘀血严重。而且长时间坐沙发，还无法调节温度，导致蛋温上升，不利精子生成，必将影响生育。正是典型的"爽了屁股，苦了蛋蛋"的买卖。这也就是为啥类似司机和作家这种天天坐着不动的职业，患精索静脉曲张概率高的原因。

因此建议需长时间久坐的座椅，应该选硬椅，另外不宜久坐，常起来走动，以舒缓长期受压的蛋蛋，倒杯水，上趟厕所，让血液顺利循环。

## 原则二：穿宽大裤子

咸丰末年，风流天子文宗皇帝认为关内骚乱已无可挽回，于是纵欲无度，以醇酒妇人自戕，求解脱。在他身边服侍的宫女都不穿普通的裤子，只穿开裆裤，叫"梭背裆"，为的是方便他随时可交合。

后来，文宗身体已极度虚弱，但还是每天服用方剂来提振性欲，他的阳具因此变得非常怕冷，到了冬天尤其厉害。为御寒，特别做了一样东西放在裤子内，来温暖他的阳具。此物用貂皮缝缀，外面包黄绒，加上扣带，方便系在裤头上。

像这种不停给蛋蛋加热的做法，违背了蛋蛋生长的基本规律，注定百年大限不日将至。所以，各位看官，请记住：重点是降温，不是升温！

我年轻时，喜欢穿牛仔裤，闷得太热的话，常发现蛋蛋会出汗，而且蛋蛋上的皮肤特别松弛，很不舒服。因为不算病，也没当回事，我和中医朋友聊天时，他的说法是，"阴囊潮湿代表肾精外泄，要小心有前列腺炎的征兆"。那时，我才25好不好，我一直觉得这么高级的病，应该是50岁以后的人才有机会独享的。我问了几个常穿牛仔裤的朋友有没有这个问题，他们纷纷表示难道不该是人人都这样吗？这很正常啊。可我始终觉得，事情不该如此。我又去请教了我的服装设计师朋友，他给我的回答一下解决了我多年的困惑，他扔了一句话给我，"换条肥大的牛仔裤"。

后来，我在路上只要看到谁穿着牛仔裤，时不时地做做劈腿，我几敢确定，这小子的蛋蛋肯定黏住腿了，正心烦得要命。可不了解的人还觉得这人好用功呀，就这么点时间还在锻炼自己的韧带呢。

现在，你知道了，解决问题的方法就是：避免长期穿紧身牛仔裤，否则会过于束缚，尤其是夏季。保持干爽、常洗澡，仔细清洁阴囊夹缝。洗澡后，也要保持干爽，必要时可撒些痱子粉。记住，避免阴囊温度升高，是最重要的天条。

强烈建议少穿紧身牛仔裤还有一个重要原因，与阴茎弯曲有关。

大概有8%的男人有阴茎弯曲。在这8%的男人当中，又有30%

属于急性阴茎弯曲，多是因为交合姿势不当，尤其是阴上阳下时，太过激烈，造成阴茎折断或严重弯曲。对这种体式掌握还不熟练的兄弟们，可去看看《参同契》，这是现知最早的系统的内外丹理论的养生著作，是道家的养生经典。

这本经典书在阴阳相交的部分，强调两性欢爱时的"方寸"，重视运动本身的力度和频率。而书中对全世界最普遍的阳上阴下式，有极为精辟的解读：因为人若溺死在河中，浮尸往往是男人面朝下，女人面朝上，故此，阳上阴下最顺应自然规律。我这么说，只是想向那些在战斗过程中，由于方法不当，鸡鸡不慎被急性掰弯的兄弟们表达亲切慰问。

另外 70% 慢性阴茎弯曲的男人里，最重要的病因只有一个，就是常穿紧身牛仔裤，鸡鸡常常被压迫而导致弯曲。所以，尽量穿着宽松的衣服，紧身牛仔裤不宜常穿。

但这话说出来，我很清楚毫无分量，因为人性的力量太大。

　　众所周知，紧身裤显身材和性感，更有诱惑力。像《红与黑》的作者司汤达先生，一直不够自信，觉得自己长得难看，导致优柔寡断。情爱方面，时而对女人表现出异常狂热，时而又仿佛厌女症般退避三舍。但不管如何，有一个原则始终不变：他每次去约会女人的时候，必须穿那条上好的、在他看来是最酷的紧身条纹裤！

所以，除非你明确知道再穿紧身裤，明天宝物就要烂掉，否则，人们怎会愿意为了一个只是有可能出现的危机而轻易放弃显而易见的美好呢？何况，这种危机还是可控的，而且大家都是一样呀。好比，谁都知道薯片是垃圾食品，吃了对身体没营养，但人们还是抑制不住地喜欢吃，因为吃的时候有快感，没营养和垃圾食品的坏处，那是以后的事，现在，还是先吃得爽最重要。

说到现在，我的结论就是，少穿紧身牛仔裤，如果你一定那么喜欢穿，继续，直到你有一天不舒服了，再重新捧起本书，看上一遍，当知我的良苦用心。

## 原则三：挑合适内裤

我恢复期间，为给蛋蛋营造一个最自然的生态环境，避免让吊坠受到布料摩擦，外出只穿一条松垮的沙滩裤，但这只是暂时的，毕竟总有一天还是要穿内裤的，所以，开始关心内裤的全球潮流。

理论上，你见到的所有著名品牌的广告大片，都是让那些肌肉线条分明的男模穿上三角短裤，将蛋蛋凸显得恰到好处——绝不能太小，让女人看见没有性欲，也不能大到让女人心生恐惧，觉得这内裤再怎么穿，也和她家相公无关。须知，绝大多数男人内裤的买家，都是女人，而女人是否买这条内裤，最重要的标准就是，看了这幅内裤广告，马上想象，我即将上床的这个人如果穿了这条内裤，我是否有和他马上上床的心理欲望，如果答案是"是"，会毫不犹豫地下单。

遗憾的是，多数女同学购买男人内裤时，都不考虑蛋蛋健康的问题。她们考虑的焦点是，自己的男人穿上后好看不好看，自己看得爽不爽……这倒不是说她们自私，而是她们在看本书之前，完全不了解那么多蛋蛋的基本常识。这就像很多男人给女人买胸罩，除了知道蕾丝以外，对于胸罩有肩带无肩带、有缝无缝、有衬垫无衬垫、有钢圈无钢圈、前扣后扣等一无所知的道理一样。

我见了很多种内裤后，才深知自己的孤陋寡闻远超想象。在无数男人内裤的品种和设计中，有两个奇特的发明深深吸引了我，久不能忘。

第一个是阴囊袋内裤，我叫它"装蛋内裤"。严格意义上，人家设计更高级，是可以"鸡蛋分离"的内裤。这种内裤的神奇在于有阴囊隔离袋，用阴囊托专门放阴囊，还可定位阴茎，把蛋蛋和鸡鸡分开放，解决了男人穿内裤不当而引起的阴部湿疹问题。我猜想设计者的逻辑无比清楚，就是要遵循不能汗多，要干爽，所以：枪管上托，弹夹向下，能伸能缩，枪弹分离，不必混居，哥儿俩各住一处，不粘不连，清爽自如。我觉得这个东西好有创意呀，但当我听到第二个发明的时候，我被震惊了。

第二个是开洞内裤，其实就是"开裆裤"，可人家只是内裤的开裆裤。这是一位西班牙记者想出来的，在内裤裤裆上开洞，让蛋蛋完全裸露在内裤外面，以降低温度。经过多次试验，他做出世界上第一条透气的开洞三角裤，然后寄给泌尿外科医生，医生大拍马屁，说这个创意太厉害了呀，是人类的创举呀，可服装设计师认为，每个人的阳具大小不同，开洞位置也因人而异，这个发明要想批量生产太难啦。所以，现在这个奇葩产品只有人家西班牙网上卖，还需要量体裁衣，预约定做。我想想太麻烦了，还是自己买几条内裤，自己比画下，自行裁剪罢了。

关于买三角裤好，还是四角裤好的问题，我是这么理解的。

三角裤最大的好处是将私处固定，显得饱满有力，视觉冲击强烈。但这种紧包，会导致蛋蛋本自俱足的温度调节功能被大大削弱，蛋蛋周围的温度升高，阻碍生精，再加上血液供应受阻，脆弱的精子饱受摧残，长此以往，当爹困难。

四角裤，与三角裤相比，少了束缚，保持通爽，但不合身的四角裤或棉布四角裤，穿上去再套个外裤，显得臃肿不贴身，尤其穿西裤时，如果料子不好，里面会有明显痕迹。所以要选择那些透气的料子，让蛋蛋在里面不闷，又不影响西裤的笔挺。

总之，内裤既不能太紧，以防蛋蛋受挤高温，影响生育，也不能太松，以防没有足够支撑力。平角内裤适合在各种场合穿着，它能让阳具得到足够支撑，但晚上睡觉，就要换上宽松的四角内裤，让他透气。

以上三个基本原则，全都围绕着蛋蛋喜凉怕热的特点衍生而来。

我觉得这次的蛋碎事件，养成了我新的生活习惯，简而言之，就是：穿运动裤，扔牛仔裤；留四角裤，免三角裤；避桑拿房，远蒸气浴；车不长途，两轮送人；睡觉仰天，坚持裸睡。至于效果如何，现在说为时尚早。姑且行之，以观后效吧。

其实，对你来讲，只要记住一句话就好：容易让蛋蛋发热的事，不要干。

最后，对女性朋友再强调一下。

很多时尚的小资女性强烈认为，漂亮内裤是对伴侣的礼节，是对爱情的尊重，即便老夫老妻，还是该通过内裤的变化制造性新鲜感。所以，在选择内裤上，想穿一些或带有设计感的，或颜色多样的，或修正体型提臀塑身收小肚腩的，或可掩盖内裤痕迹的 T 字裤，或带有情色感的等等，这些都无可厚非。

我想强调的是，女人觉得好的东西，未必尽数适用在男人身上。对男人而言，内裤的降温舒适功能，远超一切花边功能，除非你送内裤的这个男人，你并没打算找他做老公，只不过是彼此对上眼缘，来个露水夫妻罢了，既然以后是别人的老公，那就不管他将来蛋蛋如何，现在怎么好看怎么来。若非如此，拜托女性帮男性挑选内裤前，仔仔细细再看一遍本文。

# 04
## 锤炼

·
·
·

**自强不息，生精妙法**

由于个体差异，每个人的性欲强弱天生不同，强者乐此不疲，宁愿战死床笫，精尽而亡；弱者上阵如赴汤，一年就一次，一次够一年。当然，这与每个人的年龄也密切相关。故此，蛋蛋使用的频率也是因人而异。

蛋鸡相生，福祸相依，鸡鸡必然需要与蛋蛋协同作战，才能完成每一次的高潮。就像我这次蛋蛋重创，医嘱百日内严禁房事，蛋兄负伤，鸡兄精力再旺盛，也得临时下岗，休生养息。

前两章的"自查"和"保护"，只能让你防患于未然，并不能让你的蛋蛋功力大增，而蛋蛋的好坏，不仅对精子的质与量有直接影响，同时也是解决性功能障碍的重要手段。人过中年，男人各方面机能退化，阴茎常常无声落寞地垂下，小便没有了昔日飞流直下三千尺的豪迈画面，风欲静而尿不止，滴滴答答顾影自怜，这些都会使男性心里布满阴霾。女人们也许只会感叹"最是人间留不住，朱颜辞镜花辞树"，所有的重心放在上面，对容颜的流逝惶恐不已；而男人们所有的重心则是下面，更关心雄风在或不在，翻来覆去念叨的是"人生百年再多志，力不从心万事哀"。

当自己战力减弱时，对那些逆生长的人类，能人所不能的高手，自然会有景仰和好奇。

新闻上称："郑州'易筋洗髓经'传承人曾现场表演功法，用两只睾丸拉起80公斤重的砖垛，前后摆动320下，用时10分钟。专家赞赏有加，认为此功法能提高人的生命质量。"这条新闻初见，觉得与自己没半毛钱关系，不过是江湖人炫技而已，及至自己蛋碎，卧榻之上以泪洗面，才发现原来自己是那么的无知浅薄，蛋到用时方恨少，天下高人隐于世，如果我有此功法的万分之一，断然不会遭遇这次的飞来横祸。

这件事在一个美国人的回忆录中，也有同样的陈述。从普林斯顿大学休学的美国人马修21岁时专程去少林学功夫，马修回忆录 *American Shaolin* 提到，在少林各种硬功里，最令人不可思议的是铁裆功。在一次武术表演上，一位董姓和尚双腿张开，撅着屁股等人去踢他的裆部，另一个和尚向后一退，啪的一声踢向他的腹股沟处。他纹丝不动。他们邀请马修上去踢。已经练了点功夫的马修拼尽全力踢出很多脚，直到双脚麻木，脚趾作痛，还是没能让董和尚移动半分。现在，重点来了，重点是——事后董和尚演示给老外的训练过程。

董和尚裸着下身，把自己的两个蛋蛋放在桌上，每隔段时间，他就用右掌重重击打自己的阴囊。这只是训练的一部分，董和尚还要强化这个部位的肌肉。他用一根绳子将一个巨型石质滚轴系在自己的鸡鸡上。这个滚轴至少有四五百斤重，他用他的生殖器拖着滚轴一步步向前走……

我不知这种神蛋奇功是将重石挂在何处，也不知要有怎样的禀赋和机缘才能得以所成。我看了这么多年武侠小说，心里的想法是，这种功法该是童子功吧，半道出家，练得练不得先不去说，练了兴许也白练。所以，在养蛋期间，我找了很多功法对比探究，以自己的蛋做实验，力求简单、实用、形象、好操作，就像过去15年我研究和普及的性格色彩一样，太复杂高深的东西，大众不容易掌握，在一开始，一定要简便易行。人们觉得有道理以后，才会逐渐精进，窥探其中奥秘。故此，本章谈谈我学到看到的男性可用的养蛋秘诀。

## / 第一招 冷热水交替浴

冷热水交替浴，人人可做。这其实是种简单古老的"血管操"，用冷热水交替刺激锻炼，可提高鸡鸡的血管弹性，促进血液循环。具体方法是：先用热水淋浴，待充分温热后，将阴部施以冷水冲淋，大约3分钟，待阴茎和阴囊收缩后，再次用温水冲淋或再进入澡盆浸浴，如此反复3—5次即可结束。一般程序为先热后冷。需要注意的是水温高低差异不宜超过20度。冷水冲洗过长或温度过低，易导致寒气伤肾，反而有损。每日坚持，可精力充沛、性功能增强、疲劳感减轻。

中医认为，通过淋浴可刺激人体穴位，也有助于性功能的提高。常见的穴位有气海（肚脐）、关元（在肚脐下小腹处）、会阴（会阴部）等，在淋浴时，可适当加强水压定点刺激，这样效果会更佳。

理论上，勃起会使鸡鸡疲劳，勃起时间越长越疲惫，而用温水刺激，则能加快血液循环，缓解鸡鸡和蛋蛋的疲劳。

同时，大腿根内侧的腹股沟是向鸡鸡输送血液和神经出入的"交通要道"，对男人的性功能有重要的刺激，淋浴时用温水刺激腹股沟，并用两个手指从上向下抚摩腹股沟，对增强性功能也很有益处。

也可在实战前，先用冷水洗蛋，或湿冷毛巾包绕鸡鸡与蛋蛋，使蛋蛋温度降低，血流减慢，消除紧张，抑制早泄。平常洗澡时，用凉水与温水反复刺激蛋蛋，可起到锻炼男人性能力的作用。

## / 第二招 空冷式（适用于年轻男子）

你已经从前文知道，低温有利于睾丸健康。空冷式的要点就是蛋蛋要低温。这是自古就流传下来，并被公认的最有效的方法。

只要一天三次让阴囊接触外面的空气，同时用手按摩蛋蛋，促进血液循环。然后在性爱实战前，用冷水浸蛋5—10分钟左右，就可以使蛋蛋得到锻炼，提高机能。

陷入棉被闷热之中对睾丸来说非常不利，解决办法很简单，只要将阴囊暴露在较凉爽的空气中睡眠，使阴囊通风散热即可。对年轻人来说，这种"空冷式"锻炼法远比"冷热水交替"锻炼法方便且更具成效。

如果可能，一年四季都将阴囊暴露在空气中睡眠当然是好的。但若在冬季，恐招致感冒，此时最好盖着被子裸睡。若室内装有空调机保持恒温，就用不着把被子捂得太严。

"空冷式"锻炼法对激素分泌影响极大，效果极佳。临床性功能障碍患者中，采用该方法数月之后，精力恢复，性生活都可得以改善。

## / 第三招 按摩法

为提高性功能，可养成用手直接按摩阴囊的习惯，时常按摩，蛋蛋便会改善循环。由于可经常不断地供给蛋蛋新鲜血液，会增强蛋蛋功能。按摩可一日一次，每次 2 分钟即可。用手指从阴囊上部轻轻揉搓蛋蛋。如果时间过长，刺激过强，反而适得其反。

刺激腹股沟管部可强化睾丸。腹股沟是向睾丸输送血液和连接神经的通路。要使腹股沟管中的血液循环良好，方法是分别用两手指按压鸡鸡根部两侧，从上向下抚摩，刺激血液流向蛋蛋的通路。每日按摩一次，可在每晚入睡前，自己在床上按摩。

在按摩法里，在此提出民间广泛流传的两种功法，铁裆功和铁梨功。

### 铁裆功

少林的铁裆功，吾等平常人还是不要想了，铁裆功一直是秘传不宣，流派众多。民间流传的铁裆功其实是套保健强身功，实质是生殖器按摩，促进局部血液循环，改善提高其功能。每天早晚，睡前醒后，进行铁裆功锻炼。习惯后可不限时间，适合环境即可。

此功的要领：

卧或立，左手置于脐上，右手托蛋，轻度按摩蛋蛋（有酸胀感为度）两百次。然后左右手交替重复。

左右手交替按摩会阴部百次。

以肚脐为中心，左手逆时针按腹部百次，右手顺时针按腹部百次。（练功中勃起无妨）

每天早晚，睡前醒后，进行"铁裆功"锻炼，要做到动作放松自然，精神平和安详，切记，如果铁裆功锻炼时性幻想，就变成手淫，而非练功。

## 铁梨功

媒体之前重点报道过一个79岁的农学专家赵合句老人，退休后一头扎进"性学"研究，在中国中医药杂志上发表万字《性学革命》，受到不少中老年读者的追捧。年近80的老人家至今与小他10岁的老伴保持着有规律的性生活，阳气日渐增强，他的养生秘诀就是每天都做"养梨操"，也就是按摩蛋蛋一小时，雷打不动坚持了10年。这个养梨操，不知老人家从哪得来，但可以确定的是南宋诗人陆游活到86岁，重要的养生经验，就是这套铁梨功，陆游是这么说的："人生若要常无事，两颗梨须手自煨。"这里的"两颗梨"就是蛋蛋。

此功的具体操作步骤如下：

转揉腹：双手搓热，重叠放在气海穴，逆顺时针各揉50次；

捻精索：用拇、食指轻捻根部左右精索各50次；

兜蛋蛋：一手兜蛋，一手放在小腹阴毛处，双手同时向上兜擦蛋蛋100次；

擦蛋蛋：双手搓热，一手抓起鸡和蛋，另一只手轻擦蛋蛋 50 次；换另一侧做 50 次；

拉鸡鸡：用手轻轻提拉鸡鸡 100 次；

双通背：半握拳，左手捶右肩井穴，右手揉左肾俞穴，然后交换，各 20 次。

以上秘法，秉承最重要的原则只有一个，就是"看了就能懂，懂了就能做，做了就见效"。至于功效如何，我也需要时间验证，愿与天下注重自我健康的男同胞共享。

# 05
## 命门
·
·
·

**男人最忧，难言之隐**

你也看到了，本书围绕的核心只有一个，就是蛋蛋。但你比我更清楚，无论是男人还是女人，在性的问题上，提到男性，关注鸡鸡普遍超过关注蛋蛋。盖因男女性爱过程，无论是让自己舒适还是让她人舒适，都靠鸡鸡来完成。人类自古以来，就习惯于将焦点集中在幕前英雄，忽略幕后勇士，这就像人们对一部戏主要演员的吃喝拉撒耳熟能详，但却死活叫不出编剧的姓名。这是人类的悲哀，也是人类的天性。

因为你没有我的切肤之痛，所以你可能暂时不能感同身受，我是多么努力地学习蛋蛋的知识，直到"保蛋养蛋炼蛋"这三部曲，成为日常生活的一部分。但光了解蛋蛋远远不够，既然关注男性健康，就顺便学习了些关于鸡鸡的健康常识。奇妙的是，居然真的发现天下有关于锻炼鸡鸡的研究。本书反复提到了蛋鸡相生，祸福相倚，在这一章，就顺便提下男性的鸡鸡问题。

直到现在，在大众语系中，"鸟"都是男性生殖器总称的别名，"卵"或"蛋"是睾丸的别名，"鸡鸡"或"雀雀"是阴茎的别名。同时，文人通常以花朵喻女阴，以花心喻阴蒂，这种象征在明代小说《金瓶梅》中早有反映，直到现代，在文艺作品中比喻阴茎插入阴道这个男女交合动作，依然有文学家称为"直捣花心"。

将睾丸称为"卵"和"蛋"，取的是形似，完全可以理解。但为何人们约定俗成地把男性生殖器叫"鸡鸡"，我其实并不完全理解。因为鸡和绝大多数鸟类一样，根本没有像阴茎这样的器官。在鸡做爱的时候，公鸡会跳到母鸡背上，把自己的菊花对准母鸡的菊花，也就是公鸡会把精液直接倒进母鸡的泄殖腔。但不管它了，这问题咱也不去深究了，就按照大家习惯的方式来称呼好了。

之所以本章标题，言明鸡鸡是男人内心最大的忧患，是因为古今中外，对男人在性方面的焦虑和缺乏自信有大量描述，而鲜少听到女人有这方面的顾虑，男人表面是强者，但在性上，却是绝对的弱者。

《素女经》有一句告诫男人的话，"当视敌如瓦石，自视若金玉"，就是说在性爱中男人的自信非常重要，可惜男人的自信不常有，焦虑倒是常态。这种焦虑主要集中在对自身阳具及性能力的焦虑上。中国民间向来有"男子九丑"（性器短小、见色不举、举而不丰、丰而不实、实而不坚、坚而不久……）的说法，这"男子九丑"其实就是"男子九忧"，其中"见色不举"是绝对阳痿，"举而不坚"是相对阳痿，"坚而不久"则是早泄，这些都是男人性自卑的主要表现。

在所有这些自卑的原因中，"性器短小"和"坚而不久"，这两项是所有男性性健康调查结果显示最普遍的因素。

## / 怕性器短小

现代的临床性学早就指出，男人阳具的大小跟女人是否性高潮，毫无因果关系。但在中国传统文化的渲染中，认为女人一定是喜欢大的。《笑林广记》中就有《截长》《家当》和《巨卵》来说明女子对大物件的喜爱。

> 夫问妻曰："此物是长的好，短的好？"妻实喜长，故意应之曰："短的好。"夫曰："这等我的太长，不如截去一段。"持刀便砍。妻发急，止之曰："虽则长了些，却是父母生就的遗体，一毫也动不得。"

> 某人死后，冥王罚变为驴。其人哀恳，得许复原形，放其还魂。因行急，犹有驴卵未变。既醒，欲再往换，仍复原体。其妻力止之曰："阎王不是好讲话的，只得我挨些苦罢了。"

> 一妇有姿色，而穷人欲谋娶之，恐其不许，乃贿托媒人极言其

家事富饶。妇许之，及过门，见家徒四壁无一物，知中计。辄大哭不止，怨恨媒人。穷人以阳物托出，丰伟异常，放在桌上连敲数下，仍收起曰："不是我夸口说，别人本钱放在家里，我的家当带在身边。如娘子不愿，任从请回。"妇忙掩面拭泪曰："谁说你甚么来。"

除了对大物的喜爱，《笑林广记》也丝毫不吝啬女子对小物的鄙视和男子对小物的自卑，在《娶头婚》中有淋漓尽致的刻画。

某人谋娶妇，虑其物小，恐被取笑，故欲得一处女。被教之："初夜以卵示之，若不识，乃处女。"其人依言，告知媒人，如有破绽，当即返还。及娶一妇，上床解物询之，妇以卵对。乃大怒，知非处子，遂遣之。再娶一妇，问如前，妇曰："鸡巴？"其人愤怒："此物的表号都知，必定老手。"又遣之。最后娶一年少者，仍试如前，答曰："不知。"此人大喜，以为真处女无疑，故握其物曰："此名为卵。"女摇头："非也不是。我曾见过许多，不信世间有这般细卵。"

在古典色情小说里，更别提了，男主角个个都有超级阳具。《金瓶梅》列出了男人偷情的五大要件，"物如驴大"是仅次于"貌似潘安"的第二要件。而在《如意君传》里，武则天所宠幸的薛怀义，其阳具更是"手不能握，尺不能量，头似蜗牛，身如剥兔，筋若蚯蚓之状，挂斗粟而不垂"，结果弄得武则天直呼"好亲爹，快活杀我矣"。这些文学渲染都使得男人们强烈向往阳具"变长变大"。

除了中国传统文化，世界各地的生殖崇拜，其实也都差不多。

印度从古代开始，就奉祀生殖神湿婆，这种神体在印度有30万之多。印度的"林伽"（男性生殖器）崇拜也很著名，"林伽"呈圆柱体，大的有20—40英尺大，家庭中安置的则为小型的；人们还把小型的"林伽"当作护身符，吊在颈上，或藏于袋中，或系于腕上。

日本的生殖崇拜天下闻名，每年的男根祭祀节，妇女们甚至抬着各式巨大的阳具模型游行。这是日本人认为古来有名的"天下奇祭"。

古希腊"淫神"黑梅斯神像，就是巨大的男子阳具立像，竖立在路旁，妇女奉为怀孕神，凡是想得子的妇女都要拥抱这个神像，用自己的身体去摩擦它。少女们认为，佩戴阴茎状的饰物非常有利于生育。

中国古人常把大阳具吊在门的上方，恐吓鬼神不许进门。坟中也常放有硕大阳具的陶俑镇墓。在路边、庙里有时还供着一个石和尚，手握自己硕大的阳具，据说不孕妇女或缺乏性爱的女子向其烧香膜拜，再摸摸大阳具，就能如愿。

现代的精神分析学对这个现象进行分析，得出这就是女性"阳具钦羡"的心理，所以天下才有那么多的男根崇拜。

在西方，达·芬奇率先用解剖方法观察阳具，他在笔记本上绘制交媾图，把入侵者画得相当巨大，并且注解说："女人希望男人尽可能大，男人希望女人尽可能小，结果无人遂愿。"

作家小白在《表演与偷窥》中，也曾提到西方人对于大阳具推崇的故事：大的果然无往不利，在资本社会仍然找到用武之地，杰夫·斯崔克生具异禀，他胯下那物件有 11 英寸长，配上健美英俊的体型，看起来动力无穷，他自己形容说："像一根新款的凯迪拉克水箱管。"最主要那东西不管什么公开场合，动不动就能直挺挺。他的天才后来被人发现，让他穿上自行车赛手裤拍了一组照片，送到拉斯维加斯的色情电影制作公司，公司让他拍了几部色情片，很快他就一举成名。杰夫又出唱片又做主持，靠他那根神奇的点金棒赚了大把钱。后来他不再拍摄电影，便拿他那根东西倒模，推出一款完全仿真的塑胶阳具，那是历史上销售量最好的性玩具，杰夫甚至跟生产厂家打了一场"知识产权"官司。

## / 怕坚而不久

男人对于做爱的时长是那么在意，而多数女性在生理上则是随你就好，你随意，我全行，只能害得可怜的男人背负早泄的恶名、负疚和耻辱。

《笑林广记》有篇小文名"快刀"，讲的就是男人被女人如何嘲讽。

新郎初次行房，妇欣然就之，绝不推拒。至事毕之后，反高声叫曰："有强盗，有强盗！"新郎曰："我乃丈夫，如何说是强盗。"新妇曰："既不是强盗，为何带把刀来？"夫曰："刀在那里？"妇指其物曰："这不是刀？"新郎曰："此乃阳物，何认为刀？"新妇曰："若不是刀，为何这等快极！"

因我自己这次手术前后做了四个小时，我希望了解一下其他大型手术可能会花费的时间，以做对比。故此，想在网上搜索一下哪种类型的手术时间会比较长。为了搜索方便，我精简了搜索用词，输入的是"时间长的手术"，谁知搜索引擎跳出来的结果，并没有指向我希望了解的信息，搜索结果排在前列的几乎都是"做爱时间长点，要做什么手术""怎样可使性生活时间长点"……由这个结果得知，只要提到时间长，几乎大众的心思都齐奔下三路，无论男女，貌似对时间的持久，都心存向往。

## / 解 答

早在两千多年前，中国最重要的一本传统性学著作《素女妙论》中，就有《大小长短篇》，以极其开明的态度讨论了男子阴茎长短大小的问题，两千年后的现代性科学的研究成果，我看来看去，也没超过古人。

帝问曰："男子宝物，有大小长短硬软之别者，何也？"素女答曰："赋形不同，各如人面。其大小长短硬软之别，共在禀赋。故人短而物雄，人壮而物短，瘦弱而肥硬，胖大而软缩，或有专车者，有抱负者，有肉怒筋胀者，而无害交合之要也。"

意思是，男子的鸡鸡有大小长短的区别，这是天生的，有人矮而鸡鸡长，有人高而鸡鸡短，有人瘦但鸡鸡肥硬，有人胖而鸡鸡小软，这都不一定，但这对性爱，是没有妨碍的。

帝问曰："郎中有大小长短硬软之不同，而取交接快美之道，亦不同乎？"素女答曰："赋形不同，大小长短异形者，外观也，取交接快美者，内情也。先以爱敬系之，以真情按之，何论大小长短哉！"

意思是，男女之间的感情要真心相爱才是最重要的，有些男人总是忧心忡忡于自己的阳具不大，难以使对方满足，这种不必要的焦虑，反而使他的性战力无法充分发挥。

帝问曰："硬软亦有别乎？"素女答曰："长大而萎软，不及短小而坚硬也。坚硬而粗暴，不如软弱而温籍也。能得中庸者，可谓尽善焉矣。"

意思是，如果一定要比，很长很大但是很软的阴茎，肯定不如短小但是坚挺的阴茎。另外，阴茎坚挺但是交合时粗暴的人，肯定不如那些阴茎柔软但是懂得怜香惜玉的人。当然如果两者兼备，那就完美了。

这三问三答，至少说明了女方在性爱中取得欢愉的关键，那就是——硬度比长度重要，技巧比器官重要，真情比假意重要。

在《金赛性学报告》中，很多女人在接受采访时都会说，男人阳具的尺寸完全不是决定性生活质量的根本问题，男人阳具的大小跟女性的性高潮没有什么因果关系，只有2%的女人将"大家伙"视为她们心中男人的最爱。倒是过长过大的超级大鸟，容易让女人疼痛或感染炎症。阴道不是盘山公路，长度有限，阴道只有入口处约总长 1/3 的那一段，外加阴蒂，存在丰富的感觉神经末梢，也就是说，只要鸟儿能插进，理论上，女性就都有可能形成高潮。

西方成年男子阳具勃起长度平均为 15 厘米，而中国男人平均为 12 厘米，中国人本来就要比西方人"小一号"，这就是看老外 A 片太多了以后，中国男人的忧虑会更深的原因。而在《海蒂男性性报告》中提到，在被问"你对自己阳具的尺寸感到满意吗"时，绝大多数的美国男性都回答"希望能再大一点"。

无论是谁，大家都想再大一点，可事实是什么？在人类的动物表亲中，阳具勃起的平均长度，大猩猩只有 3 厘米，猩猩是 3.6 厘米，黑猩猩是 7.5 厘米，人类可以说是最长的，但无论科学家怎么说，男人们永远都不会满意。根深蒂固地认为"更长的阳具"＝"更男人"，这显然是文学作品和文化传统惹的祸。

在中学读书的时候，我记得班上几个要好的男同学，在厕所小便或在浴室洗澡时总是会互相看看别人的性器，然后看看自己的。奇怪的是，每个人都会产生深深的忧虑，那么问题来了，为何看别人的都是大的，看自己的都不行呢？后来，从外校转来一个同学，任美术课代表，平时擅长人体素描，他说出了此生在我求学期间听到过最有水平的话。他说："我们看自己的时候，视线在自己鸡鸡的上方，而当我们看别人的时候，视线是在别人鸡鸡的侧面。其实，明明差不多大小，可看起来别人的比自己的，总像是要大些。这只是个角度问题。比较准确客观地看自己鸡鸡的方式，其实是对着镜子从正面和侧面两个角度看。而这也是别人能看到的你的尺寸。"在那一刻，我真心觉得学好美术很重要，没好好学它，吃了太多年的心魔之苦。

## / 鸡鸡锻炼

不过，不管性学专家怎么说，全世界的人类在心理上对大阳具的向往，始终根深蒂固。在这种问题上，几个专家的研究想轻易改变人们的观念，没门。在这种千百年来文化影响的背景下，很多高人就开始想方设法锻炼鸡鸡。

在中国古人的技术里，要使阳具变长变大，有三条路。

1. 内服。《玉房指要》里载有令阳具长大的方子：柏子仁五分、白敛四分、白术七分、桂心三分，附子二分——五物为散，食后服，十到二十日后即长大。

2. 外用。分浸泡和涂抹两种。《金瓶梅》记载，西门先生就是用药酒浸泡，才变得物如驴大；而《洞玄子》里也载有涂抹用的方子：将肉苁蓉三分、海藻二分，捣筛为末，以和正月白犬肝汁，涂阴上三度，平旦新汲水洗却，即长三寸，极验。

3. 手术。在《肉蒲团》这本色情小说里，男主角未央生的阳具原本渺小，但在天际真人替他动手术，将狗肾嵌入他的人阳后，微阳即变为巨物。

这三种方法，听上去玄妙，现代人拿来用，实际操作都会有所顾忌。对老外来讲，他们没有我泱泱大国的传统文化，没有那么多东西可以挖掘，只能看未来，他们就实践出一些洋人的西洋镜。

据说，有个美国人 Mike Salvini，不知为何，有一天他定了一个要让自己的鸡鸡成为世界第一的梦想，他希望自己的阴茎可以长到35厘米。而且不靠吃药，不靠打针，不靠手术，只靠锻炼。他的想法很简单：男人身上每块肌肉都可锻炼变粗壮，为什么根部就不行？人们从未想过锻炼根部，虽然那里没有肌肉，但柱状海绵体还是可以训练的。这小子立即行动，每天训练 6 小时。他用塑料夹管和钢丝自制了一个器械，开始对自己下狠手。后来居然把这套自我训练制成光盘，名为"自然增大"运动，吸引了很多拥趸，受益者都称他为"JB 教主"。但是医生和科学家对"自大"运动骂声一片，有名医认为，通过锻炼使根部变大，就像通过锻炼使鼻子变大一样荒谬。不过，这种批判显然毫无鸟用，因为对于那些锻炼后有变化的人而言，出现自己想要的结果，是唯一的硬道理。

在他的这套训练里，提出了眼花缭乱的训练方式，我看着都头皮发麻，让我感到特别惊讶的是，我看到其中有两条，其基本原理和我们老祖宗几千年前提出的方法如出一辙。我震惊于古人的智慧，也佩服老外的"中学西用"。

譬如，他提到在增强阴茎反应的秘籍中，有一个男性的自慰锻炼法。这个方法提出，男性自慰，通常因为刺激过强而且一气呵成，但那不是锻炼。如果真想锻炼，应该用握紧——放松——握紧等循环步骤，重复压迫阴茎，以活跃神经和血管。当感觉快要射精前，应立刻停止，用手紧握根部，然后停一下，再继续，再停止，重复几次。现在，让我们来看看古人的中医性学里是怎么说的。《医心方》中，古人提出善于养生者当积精少泄，要采取"九息压一"的办法以固精，这里面的"压一"，就是男子感觉快到高潮时，用指压阴囊后方，使欲泄之精还复于体液。这个原理难道不是一模一样吗？特别需要提醒读者的是，这个方法，在下不敢尽信。清代著名医家徐大椿对"忍精不泄"就完全不认同，他的说法就是"自然不动有益，强制则有害，过用则衰竭"。所以，本文在此列举，并不代表此法是可用的灵丹，仅仅只是为了验证现代西人貌似时髦的方法，其实古人早已有之。

再比如，关于阴茎的硬度锻炼法，是这样描述的：准备一盆冰水和热水，从根部将勃起的阴茎握紧，放入冰水中，大概一分钟后，拿出来各处按摩一下，也做一分钟，再把阴茎连阴囊都放入热水中，在水中按摩一分钟，如此冷热交替，做个三次。最后，再以自慰方式射精，就大功告成。好了，现在，我恳请你将本书翻至前面"锤炼"章，看看里面第二招——冷热水交替浴。难道你不觉得，除了古人只允许练习冷热水交替洗澡，没允许射精之外，其他的，我怎么觉得老外的方法和古人的方法是孪生双胞胎呢？

我甚至有种恍惚的错觉，这小子是不是把我们从《天下至道谈》到《紫金光耀大仙修真演义》在内的全套性学典籍钻研通透后，拿到国外，来个梅开二度，真是人才。

## / 尾 声

鉴于本人这次损坏的是蛋蛋，对鸡鸡的问题，暂时点到为止，不越俎代庖了，本章即将到尾声。

在本章，我似乎并没有提到什么具体的锻炼方法，那是因为，一般来讲，阴茎勃起超过 7 厘米就可满足性要求。从性满意度来说，阴茎长短的因素远不如硬度来得重要。你早就知道了，容易引发女性性高潮的 G 点位于阴道前端，距阴道口大约 5 厘米。男性勃起后的长度，远远高于满足女性性高潮的需求，你我都没必要为长短发愁。

前面那位"天下第一长"的训练方法，很多人嗤之以鼻，认为阴茎不是肌肉构成的，所以没法锻炼。我虽然不了解，但有一件事情却是认同的，那就是：阴茎至少有一半的肌肉。肌肉有三种：骨骼肌，平时健身房锻炼的肌肉；心肌，构成心脏；平滑肌，出现在内脏和血管中。而阴茎正是主要由平滑肌构成。肌肉虽有差异，但其原理相通。

在任何情况下，硬度都是男性在性生活中最基本的要素，硬度不够，是勃起障碍的首位。在性科学中，常听说"不举"的问题，少听说太长或太短的问题，这也就是为什么伟哥是帮助你持久硬度，而不是帮助你增加长度的。

我没有实践过这位 JB 教主的盖世神功，所以，对他提出的任何方法都不负任何责任，在你准备做任何阳具锻炼前，我斗胆跟你强调三个可能你早就知道的想法：

第一，不管你想做任何锻炼，安全永远是第一位的，你的一生就这么一个宝贝，坏了很难修好，即便只是损害了那么一点点，你都会终生悔恨。在中国古人的智慧中，已经囊括了许多今人梦寐以求的宝贝，只可惜，钻石就在眼前，我们却总在外面寻觅。

第二，很早前在一本《中国性科学》的性心理文章中，我看到一位女子描述她第一次和女性做爱的经历，里面有句话，让我心灵很震撼。她说："相比和男人做爱，女人和女人，不以射精为目的，轻松很多，没有陪人爬山的感觉。更重要的是，现在我知道，鸡鸡并不是性爱的必需品，没有鸡鸡，不必拘泥于固定的性爱模式，反倒创造力更强，想象空间更大，身心更自由。女性的高潮，绝不仅仅是人们想象的那样，只能从鸡鸡那里获得。"

第三，再次重复本文摘自《素女心经》的精要，因为对男人来讲，实在太重要了，这三句话可让多少男人免遭焦虑和心魔之苦。这三句话就是："硬度比长度重要，技巧比器官重要，真情比假意重要。"以性爱作为职业的全球著名 AV 男星加藤鹰，一生性事无数，他曾经谈过一句人生感悟，真情实感，很是中肯，与中华文化性学研究最高成就《素女心经》的精髓如出一辙，这句话就是："对天下所有男女的性事而言，硬件和技术当然有用，但最重要的是每个人做这事时的心意。"

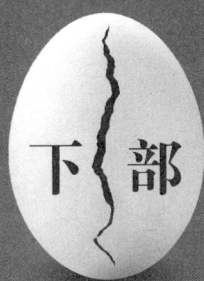

下 部

· · ·

蛋蛋的淡淡

# 01
# 忽略
·
·
·

**举重若轻，视病如尘**

阿布，是我刚开始创业时的邻居，那时我们都在一幢商住两用的公寓楼，他在一家广告公司做设计，我工作生活都在他对面那间房。因为没钱请人，我经常会蹭他的创意，他也就乐得把他和女友间的恩怨情仇让我进行性格分析，蹭点我的支招，我们算是相识于患难之时。

我们上一次见面是在去年他当爹的时候。由于他的宝宝得来不易，故而，这些年他一直对男性健康特别有研究，精卵蛋鸡的学问无所不精。他来看我时，围绕着伤情、缘由、治疗、恢复，堪称探视者中问得最为细致的家伙，宾主双方在亲切友好互信的氛围下展开充分探讨，交流甚欢。最后，他像是想说啥，可嗯嗯呀呀半天，面露难色，就是不肯直接说出。

我被逼急了，直接问他："你想说啥？有话快说，有屁快放。别叽叽歪歪，太不利索。"

他努力挤出笑容，轻轻地说："我可以看看你的伤口吗？"

为了避免尴尬，我漫不经心装作喜悦的样子，一边轻轻褪下裤子，一边对他说："嗨，咋不早说，我早想让你看了，这么好的事，都没人想分享下我的痛苦，多郁闷。"

这小子强装镇定，两眼中却瞳孔放大，嘴角抖动，流出不易被察觉的怪异。即便看的时候装作毫不在意，其实早就透露了他的震撼和内心的波动。他不好意思细细端详，草草瞄了眼刚卸掉纱布的伤口，舌头一边发出"啧啧"的哀叹，一边礼节性地表示了无限惋惜和心痛。然后，话锋一转，直接切换到我大腿根部那个文身，那是一只巨大的来自天山上的神鹰。

阿布迷惑不解地问："你为啥要文这个图案啊？"

我随口答道："我觉得鹰不错啊。"

阿布看了看自己胸前那个印第安风格的图腾，不禁感叹道："原来你是真喜欢文身啊！以前还以为你只是跟我说说的。"

我真喜欢吗？这个问题，我思考了很久。在我很小的时候，岳飞背上的"精忠报国"，"九纹龙"史进，"花和尚"鲁智深，这些我国古典文学中关于刺花的动人记载就给我留下了深刻印象。在我十七八岁青春萌动的时候，开始觉得文身这种人体艺术很美，很酷，很想尝试，但是怕疼，没有去实践的勇气。可多年来，我的这个念头似乎让大人们万分惊恐，反复以"举凡文身者，必是恶人"之说强行镇压。这种镇压，让年幼的我隐约觉得未免有点小题大做。的确，不乏邪狭少年或无赖之徒，将文身视为张牙舞爪之姿或耀武扬威之举，但作为一种世界流行的现象，文身在野蛮人和文明人中同样流行。人家英皇乔治的胳膊上还刺有海军见习时遗留下的一只铁锚呢，人家贝克汉姆40岁的时候身上已经刺了40处，也没见有谁说不好。

长大后，我懂事了，开始能看明白一些人，一些事。我这才发现有些文身的人非常善良，他们外表不羁，举止随意，只是希望活得自在。当他们不符合主流社会中规中矩的要求时，常被众人诟病和攻击，但他们关注民众，帮助弱小，匡扶正义，一生从未害人；而确有那么一些并无文身的人，却是表面衣冠楚楚，以正统伪善之名，为一己私利，行龌龊害人之实。可惜，等我明白这些，已步入中年。而那时，已经觉得文身好麻烦，万一不喜欢这个图案了，擦也擦不掉，后悔咋办？有很长一段时间，就放弃了文身的想法。

但我只要一想到从小接受的教导，就愤愤不平。凭什么我的老师和长辈告诉我，文身的都是坏人，好人是不文身的？你完全可以好好分析给我听，文身的坏处和在未来可能带来的麻烦。如果你告诉我，文身后，有很多喜欢或可能的职业无法从事，人家会认为你是三合会的成员，这样，我就能听懂。如果你告诉我，身体发肤，受之父母，刺上容易抹去难，文身之前谨慎小心，不急在一时，这样，我就相当接纳。如果你告诉我，一个国外演员的真实故事——17岁时赶时髦，在肩膀上刺了个青蛙，才过一天，就讨厌那只青蛙，越看越像癞蛤蟆，交了个男朋友，也因为不喜欢蛤蟆而弃她而去，很多年后为了把图案除掉，肩膀上留下了一片疤痕。这个故事说完，我也许就不会有兴趣去做了。但现在，你告诉我的却是，好人和坏人是用文身来衡量的。文身的人里有好人和坏人；不文身的人里也有好人坏人，你怎么可以用道德的标准一刀切？我觉得这样教育我，岂非混淆是非？

我想着这些，嘴里回答他："嗯，素雅的，我喜欢。你那种彩色的，不是我的调调。"

他继续套我的话："你为啥要文在这么个奇怪的地方啊？"

这个问题，我考虑了更久。难得有人看到我的文身，我就仔细分析给他听："台上讲课的人，有些场合，难免要严肃，我并不在意繁文缛节，可有时在政府或风格保守的场合讲学，光头配文身，如果不是纯文艺界的，会让风格传统的听众产生不必要的抗拒。所以，年轻时我还会戴个耳环，年纪大了，早已没有欲望用外在的另类表达内在的不同了。还有，录节目时，暴露在衣外的文身会被要求盖掉，工作也不方便，等以后退隐时，假若心还不死，也不怕疼，说不定还会像你一样，再搞个玩的。"

这小子说："你讲的，我都明白，可你为啥要文在这里呢？难道不奇怪吗？"

我毫不犹豫地回应他："文在身后，我自己看不见，我就想找个隐蔽的地方取悦自己，让自己也能看得见，光给别人看，多亏啊，这很奇怪吗？只是个人选择而已，每个人想法不一，很正常啊，为何你会觉得奇怪？"

他苦笑着对我说："好吧。你这个图案文错了，所以这回才会有此大难。"

我一听，立即被他勾起巨大兴趣，两眼瞪着他。

他咽了口唾沫，说道："文身这种东西，都是极有讲究的，哪能随便就弄个图画呢？你没注意到情侣间随便互相刺个对方名字在自己身上的，几乎都没啥好结果吗？人家欧洲的贵族，有的侯爵，在自己的肩膀上刺着家世的勋章；有的贵妇，浑身上下，刺满花纹，成群的车马猎狗和猎人遍布全身，一幅恢弘的皇宫狩猎图，行猎目标是一只狐狸，那只狐狸刚好刺在妇人的阴部；男人里面，真要刺老鹰的，我见过一个，在两条大腿上刺满苍茫草原，肚子上弄个老鹰在那栖息。人家各行业的大佬，都是在两腿根部文个哪吒，名曰哪吒托蛋，用图案寓意象征着男人的阳气冉冉升起。你倒好，文个老鹰在蛋蛋旁边，啥意思啊？你想老鹰啄小鸡啊？你这不是自寻烦恼嘛。图案不可随便选，部位也不随便刺，这和中国传统文化的风水一脉相承，道理都相通，你是自己把你自己的气场给破了。"

他说完这些，我鸡皮疙瘩乱起，菊花一紧，即便我再无神论，再不信邪，也不得不信，有理有据，而且貌似越想越有哲理。

我泪水汪汪，眼神悲戚地望着他："你懂这么多，我怎么早不知道啊。"

他完全没想到我的痛苦瞬间会变成他有见识的证据，赶紧起身安慰我："你也别这么悲观，我刚才是随口瞎掰的。这个也不是都不好。你想啊，雄鹰展翅，翱翔万里，文在这里，以鹰喻鸡，既可壮鸡之威风，也可做鸡之楷模，足见你当初用意还是深远的。只是似乎方向不够准确。再具体的，我也说不好了，你还是找个厉害的周易行家给你做个堪舆术吧。你啥地方再补个啥东西，说不定立马就时来运转了。"

我再听听，也觉得的确很有道理。说话真是神奇，人的嘴巴里，朝哪个方向讲，咋讲咋有理。我咋做不到他这样口齿伶俐呢？但实际上，我很清楚，阿布是个牛逼的艺术家，一直以来都很清高，但他根本不擅和人交往，也不擅说话，更不擅长搞笑，经常说话严肃而尖刻。可奇怪的事情是，他看我完走掉后，我心情还挺好的。从头到尾，他没说一句"你要看得开，放得下"之类空洞无力的话，事实上，这些话，说了等于没说，对我也是最没用的。看开啥？放下啥？咋看开？咋放下？

阿布走了后，我一直在回忆，他到底对我做了些啥呢？

在整个过程中，我发现他啥都没做。从进来到出去，他似乎一直就把我当成正常人，而非一个病人来看待。他除了跟我谈文身艺术，其他关于我病痛的事，几乎都没谈。可我的感觉很奇怪，真的好极了。他当然完完全全知道我就是一个病人，但在心理状态上，他无意中做了一件很难的事，那就是：他忽略了我是个病人，在其他人觉得天要塌下来的时候，他让我觉得，他压根没把我当成病人在看待。他给我的感觉是，哥们儿，你受了点小苦，要在医院里躺一段时间。他并没放大我生病这件事情，是因为他基于一个判断，该有的医疗关照，都用不着他帮忙，陪伴也用不到他，他所能做的，就是让我放松，放松，再放松。

记住："忽略"，是指在战略上忽略病症，并非是战术上忽略。在态度上不把这个病魔当回事，但是治疗的时候，还是要严阵以待。也就是说，战术上重它，战略上轻它。这种作法，最适合于原本没那么严重，自己把自己吓得够呛的人。忽略的目的，是不要让患者自己吓唬自己，觉得是件恐怖的事情，不在心理上给对方雪上加霜。

但这招用的时候要小心两点：其一，用得不好，会让当事人觉得你怎么不在乎我的病情呢？其二，举轻若重者，放大病情，有时只是求安慰和抱抱，你要认真审视是否真的病况比较严重。

故此，此招的前提条件是，用这招的人一定要和被安慰者很熟，彼此知根知底，这样大家不会有误会的缝隙。

# 02
## 对比
.
.
.

**天外有天，痛外有痛**

## / 人比人，笑死人

对比，顾名思义，就是你对病人说："谁谁谁比你要严重得多，人家后来都没事，到现在过得好好的，你也会没事的。"这方法，我们平时都会不经意地常用。可你要选的这个谁谁谁是谁，很有讲究。

有个素不相识的网友"赛马查理王"，深谙"天下大道，万法相通"，把自己的赛马知识活学活用，以物喻人，是托物言志的高手。

> 赛马业里，把只有一颗蛋蛋的马划为一类，术语叫"rig"。在赛马业里，rig 有生育能力，唯一影响就是交配次数需要适当减少，但这是基于纯血种公马为了交配的基数，如果你的生存不是为了交配，则无需顾虑。历史上很多著名种马都是一颗蛋，有一匹马 Funny Cide，不仅夺得了美国赛马最高荣誉之一的肯塔基德比，之后还再下一城夺取比利时锦标，差一点就成为了美国历史上的第一匹独蛋三冠王。总之，一颗蛋碎，在赛马业里并非大事，只要另一颗蛋尚存，既不影响生育，也不影响运动。

这兄弟的意思就是——想一想，马都这样有出息，你说，老乐，你这人如果还不如马，不是白活了吗？

更绝的是马未都，他借机作了一篇《睾丸赋》，展现了他雄浑的文史造诣和博学功底，在术后隔空向我表达问候后，顺便缅怀了一下我的蛋蛋。摘要如下：

> 可以告诉公众的是，睾丸一个就足够用，另一个是备胎。我十几岁时看见一个叔叔，因犯作风错误被降级处分，痛恨自己老是把握

不住自己，遂迁怒于睾丸，一怒之下将自己一侧睾丸用砖头拍碎，立马疼晕过去，手术将其摘除后他依然故我，屡屡犯错。有一明白人不阴不阳地点拨了一句，让我记忆犹新，他说："独头蒜更辣！"

老马的长文，论述了蛋蛋的历史，并且从他亲人的一个故事中反复强调了一个蛋的好处，一方面，帮我打消那些以为我此后只有一个蛋，因此而武功尽废的人们的怀疑和担忧；另一方面，也是告诉我，"你小子和那个独头蒜相比，还差得远呢，人家是自己像砸核桃一样砸碎，你那点事，哈哈，没关系的"。

"对比"这招在使用时，唯一需要注意的是，你举的例子要可以准确击中病人的心。如果你举这个当事人很敬仰的人物，那就最好，譬如，你能列举他内心的偶像。

比如，杜甫吃着牛肉喝着大酒后中毒，诗人弥留之际，如果你要临终关怀他，你可以和他说："哎呀，李白是醉仙啊，他也喜欢喝酒，他升天的时候灵魂都带着醉意，你这样走了也很好，如此这般，就会和他永远在一起了。"

比如，王安石被贬的时候，你可以跟他说："哎呀，杜甫一生被贬官一次，罢官一次，每次都是去流浪，但每次流浪都写下了不朽的传世之作，你一定可以像他一样，东山再起的。"

再比如，孙中山先生得胃病的时候，你就可以和他说："哎呀，王安石刚当宰相变法那阵，和司马光斗得厉害，结果积郁成疾，得了胃病，后来吃素，给渐渐吃好了，又再次封侯拜相，你现在也要坚持吃素，你的胃也会变得杠杠的。"

之所以这样，是因为你清楚地知道，杜甫是李白的粉丝，王安石是杜甫的粉丝，孙中山是王安石的粉丝。杜甫直接写给李白的情诗，可考证的就有十五首；王安石对杜甫顶礼膜拜到他觉得杜甫是诗人中的超级全能明星；而孙中山的民生主义深受王安石影响。同理，你也可以用马尔克斯激励余华，用海明威激励马尔克斯，用陀斯妥耶夫斯基激励海明威。

如果你不知道你要安慰的这个病人的偶像是谁，也无妨，只是千万别引用他的仇人就好。这就像你刚认识一个人，你为了套近乎或炫耀自己的人脉广泛，说"哎呀，你们单位的那个谁谁谁，我很熟咧"，谁知这人刚好和你嘴里的那个谁谁谁是死敌，你套近乎的马屁拍在马脚上，那下面的事一切打住，也甭讲了。

如果你一定要引用仇人，那你要反过来引用，你对他说："你看，连那个谁谁谁都过了这个坎，活得好好的，你可不能放弃，否则，便宜了他，绝不能让他看咱们的笑话。"这招激将法，对那些性格中求胜欲特别强的人极管用，可对于早已决心出世、万事脱俗的人，其实也不管用。

## / 人比天，小蝼蚁

以上的对比，都是拿某人与患者做对比，有点走励志路线的味道。

有时，不一定要拿人来做对比，可以与世界和宇宙对比，万事万物都可以拿来做对比。

我记得以前我失恋时悲痛欲绝，躺在床上不吃不喝的颓废日子里，胖胖安慰我的方法就很简单，他拽我到窗前，帅帅地用胳膊画了条弧线，随手一指："瞧，那是仙女座的大星云，跟我们银河系一样大，是宇宙中上亿个星系之一。它距离我们有 75 万光年，拥有 1000 亿颗恒星，每一颗恒星都比我们的太阳大……"接着我俩谁都不说话，一片沉寂，过了好长一会儿，我说："是啊，我这算个啥，我们真他妈的渺小，回去睡吧。"

我觉得这招真的很好用，想想天下众人，在痛苦的时候，往往都是过度专注于自己和眼前的问题，忘记了退一步海阔天空的道理，因而容易认为自己遇见的就是全世界最大的坎，最大的痛，其实放到一个更大的视角，屁都不是。

还有一种更厉害的对比，更有实效，更有说服力，那就是——拿自己做对比。你能让你去探视的这个患者感觉到，你真能感受到他此刻面临的所有苦难，你不仅是嘴巴上说说，你真的可以做到将心比心。

## / 肛瘘的故事

这点，我此番见到做得最好的，是赵磊。这厮在时尚界鼎鼎大名，是模特经纪行业的大拿，我第一次见他，是在社交场合见他呼朋唤友，和任何人都能自来熟，瞬间称兄道弟，有酒不醉人人自醉的社交魅力。之后，他参加了我五天的演讲培训班，在课堂上，一开始就向同学们展现了他超凡卓绝的天赋——任何平淡无奇的事，从他嘴里说出来，你都能身临其境，犹如观看 4D 大片。

万万没想到我这次住院，居然能在医院里遇见他。这小子刚好来做体检，和相熟的医生聊到马上要参加我带队的南极旅游，结果那个医生就是看管我病房的住院医生，由此得知我之不幸，进来瞧上一瞧。

赵磊有个了不起的才华，再悲催的环境，只要他一进门，立即就能营造出喜从天降的氛围，那种感觉不像是我奄奄一息，倒像是我中了千年的大彩，他来凑热闹庆祝一番。在聆听整个遭遇的过程中，他一直保持着高度亢奋，得知我的蛋蛋居然有这样的奇遇时，他毫不避讳地直言要求观看，这算得上是在面对隐秘部位时，提出欣赏要求最自然的一位看客。

看完以后，赵磊的表情雀跃而振奋，也许是为了表达对我痛楚的感同身受，他讲了一个发生在自己身上久远的故事，那是一个常人认为难以启齿的，关于他与自己的肛瘘手术做殊死搏斗的英勇故事。这个惨绝人寰、不忍卒听的麻烦疾病，从他嘴里讲出，口吐莲花，像是在看喜剧表演。我实在没有能力记录下他当时绘声绘色的渲染，他讲的故事，大致的意思是：

> 肛瘘其实就是肛门旁长了个疖子，发不出来，就只能倒发进去，发到大肠。从肠里穿透后，大便会走这条通路，引发感染，简单点讲，相当于莫名地，自己居然拥有了两个肛门。肛门里夹了个原本没有的东西，痛到根本无法走路，而且一挑就会出脓，时间越长，脓会越多。

> 这个病只能手术治疗，非常尴尬。手术是小手术，但无比痛苦。手术过程，先要把肛门撑开，用把刀直切大肠，进去后，用一条直径两指粗的棉花柱直捅进去。因为打的是腰麻，阴茎里死死插着导尿管。麻药过后，任何一丝轻微移动，前后夹击，生不如死。拔导尿管的一刹那，里面就会撕破，撒泡尿，要俩小时，犹如刀割。每天肛门换药时，肉都会自动长出，所以，必须重新撕开换药，那5—7天的换药时间，一见到医生，就会浑身哆嗦，就像熊被人活抽熊胆时的那种可怜和恐惧。

> 以前刚得病时，总认为很少有人得这个毛病，但事实上，在肛肠疾病中，这病仅次于痔疮，患病排行第二。后来才发现，周围的男性朋友为数不少都得过，大家对此都很尴尬。我倒是觉得说清楚了，反而一笑而过，但你每次支支吾吾，别人就会嘲笑，当你碰到尴尬的病时，可能豁达些，反而更好。

看来，在面对尴尬疾病的态度上，我们完全是同道中人，但他能瞬间带给别人喜悦的功力，让我望尘莫及。

赵磊讲他自己尴尬部位的痛苦和治疗的故事给我听，顿生同是天涯沦落人的感觉，这场景，有点像学校宿舍里夜谈，一个人率先透露了他喜欢谁以后，另一个人也开始讲他自己的秘密，结果大家彼此知道了秘密结成了死党。不过，奇妙之处在于，两人对话，互相分享彼此的糗事、失败和痛苦，远比分享彼此的成功、快乐和幸福，更能让人与人的距离变近。

好比，张三对李四说："我被老婆抛弃了，她跟一个有钱男人走了，那个有钱男人还当众侮辱了我，我真他妈的难受啊。呜呜呜呜呜……"

这时李四如果说："嗯，女友抛弃了你，已经够痛苦的了，还被一个恶人侮辱，真的好难堪，我能理解你的感受。"能感受到别人的感受，这就是共情。

这时李四如果说："其实我女友跟我分手的原因，是因为我长得太丑，她找了一个更帅的，我以前总跟别人说，她离开我是因为我没有事业，其实，我是不好意思承认自己长得丑。记得那是一个伸手不见五指的夜晚……"能把自己的内心向对方表述，与对方共情，增进两人关系，使谈话更加深入，这就是自曝。

张三听了李四的谈话，心情突然变得好了，因为他正为自己没鞋而哭泣，直到他突然发现一个人早就没有了脚。

叫"共情"也好，叫"自曝"也好，叫"对比"也好，本质上，就是你与患者牢牢站在同一阵线，他能感觉到他面临的问题你都碰到过，或者你所经历的比他还要惨痛和麻烦，但是所有的苦难，终究都会过去的。

# 03
# 教育

·
·
·

说不逢时，谨慎批判

在阐述这招前，先严正声明，这招应用难度极大，稍有偏差，易入歧途，堕到万劫不复的深渊。可世上真的有太多人太习惯用这招，喜欢用这招的人，性格中多数都有批判性，总是以教育的面孔出现，动不动就要教导别人怎样，可惜这招用的场合不对，绝对会适得其反，让病人的心情更加火上浇油。

在问候我的所有朋友里，最让我感觉内心不爽的，有两个电话。

一个是：

早就和你讲过，这节目不适合你，你不肯听，现在你看看……

另一个是：

怎么搞的嘛？你不是平时一直都在锻炼的吗，肌肉那么厉害，怎么还会受伤呢？

这是我的朋友吗？是的，他们的确是我的朋友。相识多年，我当然认同他们是我的朋友，但并不代表他们说话的方式是我乐意接受的。如果我不熟悉他们，我很有可能会理解为这话是幸灾乐祸。话中的埋怨和批判，表面是为我好，其实只是为了显示他们自己的英明与正确。不过，很多有这种说话习惯的人，都没意识到自己给别人的，就是这种不舒服的感觉。

在各种不同的性格中，最容易在关怀病人时情不自禁带有批判和埋怨的，就是红＋黄性格（详解请参阅《色眼识人》和《色眼再识人》），这种现象极其普遍。

如果一定要细分，还可分成两种：一种，为了证明自己的正确，他们对于"我是对的"无比执着，因为正确，就代表我赢了，而黄色在性格中最重要的需求就是我赢了；还有一种，是以批判来改造对方，他们认为，如果不指出这些问题，就是自己没尽到责任和义务。

说话凌厉凶狠或说话尖酸刻薄，都是红＋黄性格常见的说话方式，他们常常好心，却不得好报，因为听者并不接纳他们的说话方式。

记住：当一个人高度病痛时，首先需要的不是教育，而是关怀！

首先，你不知道事情的来龙去脉和事发原因，凭什么一上来就批判？其次，即便病人是错的，是病人自己造的孽，是病人自己咎由自取，但当病人倒在病床上的那一刻，已经是最大的痛苦和灾难了，也许没人比他更清楚自己的错误导致的代价有多大。在这时，用不着你来教育，只有医好后，人们才有心情听你说理。

所以，一直以来，我一贯的做法是：小错往死里骂，因为骂的目的是，越凶狠，越希望你能记住，不要再在低级错误上摔同样的跟头。但是，一旦铸成大错，就别再骂了，因为骂已回天乏力，解决不了任何问题。

在对待病人的问题上，也是一样，由于他自己的原因造成的小毛小病，要多警醒刺激；得了大病，人都已经瘫在那了，半死不活，你就别再施压了，重病时，唯有康复是头等大事。

学员笑笑在我把这段书稿发在性格色彩内部的学习交流微信群后，不禁感慨，她看到这段文字的时候太晚了，现在才恍然大悟。

前段时间，同屋的闺蜜阿晶做了流产手术，我是那种只会做事而不会关心人的人。从陪同检查到接来送往，做了应该是一个男人做的所有事。买了一堆补品，回家后第一件事就是查资料，如何炖鸡汤，照顾她休息后，我就钻进自己房间忙自己的事，一句慰问的话都没说。

· 239 ·

　　因为相识 5 年，彼此了解，那些嘘寒问暖的话，我说不出来。我把乐老师的那本《写给单身的你》丢给了她。我说："你看看这本书吧，懂懂自己，看清别人，以后可以少上那些坏男人的当。和你说过多少遍，那个男人根本就不是什么好东西，你为啥总是不肯听？现在倒好，你出了事，自己受苦，那小子一眨眼就溜掉了，连个鬼影子都没有。你说说你，就不能长点记性吗？每次都是这个样子。到底要多少次，你才能够觉醒啊？！"她勉强笑了下，啥也没说。看得出，她还挺不情愿的。气死我了，难道我说错了？都是为她好，怎么不明白呢？

　　她卧床期间，我每天都炖一锅鸡汤。喜欢晚睡的我，平时都是 9 点后起床，那段时间，我起得很早，起床后不刷牙不洗脸，就进厨房做饭。可我家大小姐身体真是金贵，说只能吃清淡的，这下好了，这不吃那不吃，只吃蔬菜，天天让我做水煮蔬菜。我说大姐，你身体需要营养，天天吃蔬菜是不行的，吃点鱼肉蛋对你有好处，可人家就是水煮蔬菜。无论我怎么说，就是不听，还反驳我："我的身体不如你们，我体质差，吃了不吸收。"

　　我说："你知道你为什么体质这么差吗？你总说自己工作累，我真的感觉你工作很轻松，你体质差，就是太挑食了，肉类能增加很多能量，你天天吃得跟兔子一样，能不差吗？你看，你天天嚷嚷说自己长了很多斑，而且皮肤松，那是因为吃肉太少，脂肪太少，没有弹力。你说说看，天天喝清汤，你这身体怎么恢复？"

　　我想激将她，可人家就是不上套。另一个朋友丹姐天天慰问电话打个不停，可从始至终丹姐只出现过一次，出现了，还把我说了一顿："你以后不要总是说阿晶了，她现在是非常时期，你以为她身体跟你一样啊？从来不生病。她想吃啥，就给她做啥，不要总是训她了。"听完这话，我很委屈！你们怎么不来照顾她？一个个道貌岸然的伪君子！我天天三餐照顾着，还说我的不是？况且，我是为她好，她天天只吃水煮蔬菜，身体怎么能养好？丹姐说完我，自己就去晶小姐的房间了，她俩聊得很开心，又陪她一天，我期间又做了一天的保姆，可发现最终自己就是吃力不讨好！

直到今天，我才明白，病人生病期间，或许要的不是你无微不至的照顾，心灵的慰藉很重要。有时，顺应她的想法，让她开心，对当下的病情恢复可能会更重要。有时，你自己认为做的是对的事情，却往往忽略了病人当时的心情。你忙活半天，也可能只是竹篮打水一场空。

记住：病人期望从你这得到的是温暖和信心。温暖是通过关怀、慰问和快乐来完成的，信心是通过鼓励来完成的。

在批判式的对话下，既没体验到温暖，更别提信心了，有的只是雪上加霜，增加病人的自责和痛苦，这种慰问，不要也罢。

这种批评，有时出现的方式很隐晦，不易察觉，表面上是关心，其实是批评。一位我所尊重的大哥，是这样发给我信息的：

开始以为是网络上的新年玩笑，没想到是真的，衷心祝愿早日康复。挑战身体极限的事，大可远离，留给年轻人吧；挑战大脑极限的事，倒可以多做。

我看了这话，知道这位老大对我参与《了不起的挑战》这类节目很排斥。老大长期斗转星移于商界精英和政坛要客，每天谈的都是"中概股"和"侧供给"，天天灌输给我的都是"劳心者治人，劳力者治于人"，他觉得我沦落到去做拼体力的真人秀好可怜，而且貌似还连蛋都要拼没了。在他的观念里，只有那种坐在椅子上羽扇纶巾指点江山的节目才拿得出手，所以，我做《非诚勿扰》和《我是演说家》时，他和他周围的那群老男人们每天徘徊于电视前，一直津津乐道。

我尊重他，不代表他的慰问方式对我这个病人有效。如果他只是想安慰我，很遗憾，他完全没达到这个目标。如果他想传达的是"脑力比体力更高级"这个观点，他也没达到目标，因为我根本不认同他说的话。如果他真的是想传达"人贵有自知之明，什么年纪干什么年纪的事，一个 70 后就不要和 90 后争什么体力的天下了"，非常遗憾，还是没达到，反而激起了我不信邪的欲望。

如果你实在不擅长安慰和关怀，也不希望人云亦云，希望说些更有深度、更有内涵、更有意义、更凸显你的角色的话，瓜瓜的做法也许可以借鉴。

好友瓜瓜对我知根知底，知道我过去这些年，过的是舟车劳顿脚不沾地的生活。她教育我的方式是，从我心底最软的地方击打我，她知道只要一提到我的灵儿，那就是我的死穴，我啥都会乖乖就范。

> 老乐子，有时，我会分析你是不是太过仙儿了，接点儿地气儿是不是会安稳些。我愿老天从此亦垂怜垂怜你，让这个男人当个俗人就好，远离纷扰，安逸终老，就好……对自己好点儿吧，好好儿地有质量地健康地活着，不为别的，为了好不容易奔你而来这世间的女儿……

讲得温情，说得在理，其实也是在批评我，但我照单全收了，而且差点都哭了。

一直以来，我的这几位朋友，他们总能从蛛丝马迹中，发现我所存在的问题，并且及时指出，希望我能痛定思痛，大彻大悟，在这种机缘下，悟得人生大道，那才算因祸得福呢。我懂他们。

最后，我想说，"教育法"在病痛悲哀时，实在不适合单独使用，因为很容易演变成批判，除了显得探病者高明，患病者无能外，啥作用都起不到。

如果你真的觉得你说的话，对正在悲哀中的病床上的这个人无比重要，无比重要，无比重要，那最好也能遵循两个原则：

第一，等到伤病好了之后再教育；

第二，如果一定要现在用这招，请配合其他招数一起使用。

故此，常用这招的人，首先，反思自己是不是就是这样的人；其次，请反省你本质上的"批判"是否以"教育"的面孔出现。请不要埋怨，不要批判，不要试图证明自己英明，不要试图指点他人江山，多些温情，多些理解，给对方建议可以慢半拍，说话时多些发自肺腑的关爱。

# 04
## 棒喝
.
.
.

切断消沉，使人觉悟

李帅，资深脆骨症患者，轮椅上的玻璃人，《我是演说家》里我的学生，得知我手术当天，帅问我身体没事吧，想来看看我。我说问题不大，你好好照顾自己，把自己的事做好，多赚点钱，就是对我最大的安慰了。帅说，他的初心酒店开得还不错，一切顺利，如果我想找个地方休养，可以到他那，他来安排。

我说："你省点力吧，就像汶川地震，不是专业救援队的好心朋友，别赶着去灾区救灾，除了表达善良，没啥大用，还挡了专业救援的路，我又不是明天就翘辫子了，不急着现在见。"

这话我和从绝症中走出的单亲妈妈章早儿也说过，她挺着个大肚子，马上就生了，也要从东莞赶过来看我，我说："千万别，咱们不是那种需要表忠心的关系，照顾好自己，就是对我最大的帮助。"

因为帅从 8 岁开始就坐轮椅，他所遭遇的病痛折磨是行动健全的朋友无法想象的。我常在《演说家》节目里，遇见各类功能障碍的朋友，有时特别想说几句鼓励的话，但其实根本不知怎么开口，人家远远比你磨难多，你有什么资格激励别人？我除了能在演讲和性格认知上给他们一些帮助，在积极乐观的态度上，他们都是我的老师才对。

我很想知道，如果当李帅这样的朋友在医院躺着的时候，我该做些什么呢？

我特地问了李帅："如果我不行了，不久于人世，你会怎么安慰？"

他当场毫不留情地回了我一句："安慰白搭，世上有很多事都可以做，言语是最无力的。"

好刚烈的答案，很是干脆。

帅继续和我说："蛋碎的话，一个男人肯定生不如死。要是我，肯定接受不了。我当时真没想安慰您，我一直在找些相关资料，看看能不能为您做些什么。第一，我根本不会安慰人；第二，我知道安慰根本无济于事，徒增您的痛苦。我当时只想着一件事，就是如果这事是真的，如果我是您，我该怎么解决问题。"

我在这次的对话中，对帅性格中的实用主义，有了更强烈的认知。对他来讲，他希望帮人解决问题，所以，在他确认蛋碎的消息并非网上恶搞以后，开始到处查找治疗秘方，他希望做些实际的事，能在结果上帮到我。

话说到此，就聊聊"为别人做事，在结果上帮到对方"这一茬。刚好，小叶子同学在这事上对自己无比懊悔。

有个忘年交，是典型的蓝色性格，很重感情，朋友并不多，但极其重视身边的每个朋友，能为家人和朋友牺牲很多，从来不告诉任何人他内心的真正需求。当初他和一位女性朋友有些误会，几年下来，越积越深，虽然嘴上不说，但一直是他的莫大心结，而这件事情的来龙去脉我是知道的。直到忘年交住院那会儿，我曾想过要和他那位朋友联系，可碍于当时他黄色性格妻子的绝对强势和独裁——对我来讲，他的妻子也是我的长辈，我并没有太积极地去撮合这位忘年交和朋友复合关系。

忘年交过世后，我把他生前写给这位朋友的信寄给了她，她看完信后，伤心欲绝，对我说，我该早点告诉她的，这样，不仅忘年交在人生最后的时光里能得到一些安慰和鼓励，她的人生也能少一桩遗憾。

此事过去很多年了，但依然对我的影响无比巨大，我没想到事情竟会是这样……我恨我自己总是那样后知后觉……

只要人还活着，一切就还有希望、有可能，但是人走了就……苦的，是那些活着的人。如果当时他们能够冰释前嫌，即使那位朋友无法亲自来探望，对重病中的忘年交来说，应该也是一种实实在在的莫大的鼓励和安慰吧。

小叶子这事，你我可以看出，满足病人的心愿，该出手时就出手，不可拖拉，特别特别要注意的是，当病人的性格是那种蓝色性格——永远不愿说出自己的真实想法，总指望着别人去猜去理解去揣摩，周围关照的人更要主动出击。试想，如果这事发生在红色性格或黄色性格身上，都快告别人间了，也管不上许多了，有啥心愿要赶紧说出，省得懊悔。

帅希望帮助我直接做事、少寒暄、多给结果的风格，刚好是典型黄色性格的思维特点。帅的话没停，他继续分析道："乐师父应该暂时没事，他还能写文章，说明他清楚现在该做什么。我不了解您遭受重大打击时的样子，但我坐轮椅快 20 年来遭受的非议和白眼，绝非仅仅是外在的，更有来自亲人的，无时无刻不在煎熬，生理上的痛苦更是难以言喻。我的过去可以用'忍辱偷生'来形容。您曾说过我有来自内心的乐观，其实，我是不得不乐观。"

"不得不乐观"源自于"生活所迫"，而"生活所迫"源自于"忍辱偷生"，这是我认识他到现在为止，他评价自己的人生时用的分量最重的一个词。这也就是我为何在一开始就强调，无论身体机能健全的朋友怎么想象，都很难理解那些身体机能存在障碍的朋友们在生活中需要面对的是什么。这也就是他对我的鼓励远胜于别人鼓励的原因，当我为了一个碎蛋在哀叹人生不公时，这小兄弟在轮椅上已坐了快 20年，并且还将永远坐下去，和他相比，我觉得我的一切担忧，都是无病呻吟。

我轻轻地问他："假设我的病情非常糟糕，心情非常恶劣，你作为朋友，会怎么安慰我？会怎么鼓励我？"

李帅毫不犹豫地告诉我："如果您真的意志消沉，我会立刻飞去上海。我觉得最好的安慰就是陪伴。因为我在消沉时，任何安慰对我来说，都是站着说话不腰疼。我会关上门跟您说，您不能走，您要活着！绝不能因为失去了蛋蛋，再失去更多，很多人等着看笑话呢，如果是我，我绝对不会让任何人看笑话。"

李帅讲完，我头皮发麻。一方面，他在我心目中瞬间形象高大，英气逼人。他振聋发聩的呐喊，显得我特像贪生怕死之辈，虽然我怕死这的确也是事实，但被这小子一下子逼出了我胆小懦弱的原形，心里还是很泄气的；另一方面，他这话像是惊雷一声平地起，势如金刚王宝剑，有当头棒喝的作用，立马斩断烦恼，智慧生起。我理解他的风格是往死里敲打——不许消沉！你没资格消沉！你必须振作！快点活过来！你可以的！你的敌人还在看你的笑话！你要让他们对你所有的预言全部都化为灰烬！如果你不帮你自己，还有谁能帮你！……

我相信在过去的 20 年，这一直都是他永不停歇前进的动力。而当他鼓励病人的时候，也自然拿出他的这招棒喝杀手锏，所谓"响鼓还需重锤敲"。

可是，用这招，绝对是高风险。

这招使用的前提是：使用这招的人，必须是对病中人能够起到有效震慑的激励者，否则没用。如果激励者本人没有经历过大于或等于当事人正在遭遇的苦难，棒喝只不过是虚张声势，充斥着无力感而已。

比如，我右膝盖的半月板在两年前就中度撕裂，不影响生活，但影响运动，一直没下定决心去做手术，而你两条腿的关节都曾被取下来，已经换成了不锈钢，你来激励我，我就觉得特牛。你一辈子长在暖房，一帆风顺，手脚健康，压根就从没生过啥病，你来棒喝我"你要振作，你要站起来，你要勇敢……"屁！这岂不是天大的笑话？

除此之外，在这招的使用上，还需特别注意的技术要点有两个：

第一，你实施的对象，一定要有比较顽强的性格，不至于被你棒喝之后，当场趴下，再也站不起来。如果被你棒喝的人，是一个脆弱、柔软、没啥欲望和进取心的性格，你对他用这个方法，是起不了丝毫作用的。

第二，你棒喝的力气，要恰到分寸，既让他感到痛定思痛，受到刺激；又能让他相信自己可以更积极更美好，改变现在的困境。

注意：棒喝之法，可一语惊醒梦中人，往往用在人生低沉需要强烈刺激的人身上，效果很好。但这招未必适宜于所有病人。

● 红色性格，必须用不停的表扬才能激励他们。

● 蓝色性格，你如果不把来龙去脉，不把为何要这么做以及这么做为何可以达到目标讲得很清楚，他是断然不会行动的。

● 绿色性格，你就必须给他定很小的阶段性目标，一步步引导他们，如果定的目标太大，他就害怕，不跟你玩了。

● 只有黄色性格，才可以考虑用这样棒喝的方式勉励他。

所以，探视病人，或者安慰消沉的人，不仅是情感联结，绝对更是个技术活，有时，光有爱，屁用没有。因为方法不对，你会适得其反，害了你爱的人。

# 05
# 调侃

.
.
.

苦难缠身，幽默无敌

12 月 31 日，手术后的第三天，我在朋友圈发了段话："天降大任必下狠手，但这次，对一个男人来讲，降得有点太狠了。四十年来，苍天对我最狠的一次。好在，一个蛋只碎了三分之二，大修大补后，未来仍可战斗。之前半个月是眼盲，在黑暗中度过，过去的三天是在几乎绝望中度过，我已做好了出家的准备。无法逐一回复友人关心，感谢你的祝福，愿我挺过此劫，愿你吉祥安康。"

## / 调侃一

色友洪波，看了朋友圈后，发了条短信给我：

> 既然蛋蛋已碎，你又有出家的打算……于是这几天我都没睡好觉，朝思暮想替你想了一个法名：叫弘二咋样？李叔同出家成就了一段佛门佳话，说不定乐嘉兄皈依几十年后，亦可一代高僧风流千古 [龇牙]……

我觉得入佛门之计还有靠谱之处，但人家弘一法师诗词书画篆乐戏无所不精，我一介鸟人如此单薄，毫无修为，起这个法名，定会辱没了大师，而且万一被普通话不准的人念法名，很容易走样为"很二"，还是罢了。倒是不妨从"二一老人"中想想办法，当初弘一法师给自己起这个别号时，谦卑之至，从白居易诗中"一事无成百不堪"和吴梅村《绝命词》里"一钱不值何消说"，各取了开头，合为两个一，作为自号。我在想，能不能从中受个什么启发，自称"四一居士""六一散人"之类的。想了半天，古文功底不够，想不出个所以然，只得作罢。

## / 调侃二

损友考拉，元旦大清早告知：

> 你老现在变得好大牌呀。新年第一天清晨，百度热搜排行榜上就排名第二，居然紧随头条新年贺词之后。恭喜啊恭喜。

我赶紧上网一看，热搜第二条就是"乐嘉下体破裂"，看得我鲜血狂喷。

我喷血的原因是，为啥不用"蛋碎"这个词呢，蛋碎嘛就蛋碎，听上去不仅好玩，戏谑一下，笑完拉倒，而且还有种史诗般的英雄感。为何一定要用"下体破裂"呢？

首先，这词没水平。"阴茎撕裂"也算是下体破裂，我现在只是"睾丸撕裂"而已，两者听上去，性质完全不同。在人们的潜意识里面，炮管震碎，人们会说"哎呀，完蛋了"，但如果是炮弹储藏室坏了，人们只会说"哎呀，好可惜"。前者像是废人，后者依旧充满了希望。所以，"下体破裂"这个词完全不如"蛋碎"这俩字言简意赅、贴近事实、精准无误。我对网络传播经常以讹传讹的不认真态度，表示愤慨，然而也知道再生气却并无鸟用。

其次，这词毫不高大上。本来挺威武的一个意外，被这词搞得受伤的格局一下子就变小了。我很生气，我要找李彦宏投诉，可我就算找到他，他完全可以和我说："小乐同学呀，我很同情你呀，可这事和我们无关呀，是网友自己搞的呀。"

## / 调侃三

我住院后，第一个来病房看我的是六六。在我病床对面的桌上，放着她送的盆景，那是手术动好的第二天她来看我时拿来的。来之前，我跟她说，不要送吃的，就带盆绿色小草和你写的书。她选了盆转运竹，名叫"一柱擎天"，床头还放着她送我的一本《小情人》和一套《史记》。

六六和我熟，我们讲话也不避讳客气，来探视我的时候，她眼中流露着她自己可能都觉察不到的怜悯和惋惜。刚进门，就端出礼物，语重心长，先说了句客套话"好枪深藏，磨磨就光，早日雄起，再战江湖"，然后说，她自己的那本《小情人》怕我此刻看了后，有心无力，徒增烦恼，以后再看吧。接着，赶紧把我的手按在另一套老态婆娑的书皮上反复抚摸，"这套经典，你要好好看，以后用得着"。

我表达了对她精心选择那盆"金枪不倒"的巨大满意后，开始详细向她阐述此次案发经过的每个细节，为了满足她作为一个卓越作家的探索精神，还展示了那段我换药期间自己录下来撕心裂肺哀婉悠长的呻吟调。当她听我说到，我那个蛋蛋终被保住的瞬间，我从她的脸上，突然捕捉到复杂诡异的神情，那勉强算是一种欣喜，夹杂着稍纵即逝的失望。她走后好久，我才幡然醒悟她送我《史记》的良苦用心。

## / 调侃四

次日清晨，收到一份快递过来的礼品。一看，是黑子寄过来的。打开后，一个镶花绫裱牙签锦带妆成的精致卷轴，筷子般的高度，大青小红细描金，镶嵌十分干净，包装雅致至极。我打开一看，额的娘啊！一幅幅晚明图册《花营锦阵》的翻刻木版！这可是荷兰汉学家Gulik 在他的成名作《中国古代房内考》中的重点引用图。

我赶紧合上，生怕给小护士看见去向医生告密。

我打电话给黑子："你从哪儿搞来这么个东西给我？"

黑子干笑了两声道："淘的。"

想不到这小子还挺懂得送礼。在古代，这些画的功能，一是展示性知识；二是提供欣赏；三是激发欲望，比如夫妇行房前，可一同观赏图册，就好比现在情侣间关起门来共同观看成人片一样。明清小说《肉蒲团》中，未央生因老婆玉香冷淡，甚以为苦，特意买了幅画去刺激老婆。对她说，你看呀，夫妻之间，房事创意，古人早有，而且前人比咱更有创造力，人家日新月异，咱不能做后进分子，要迎头赶上呀。玉香看了画，面红耳赤，认为污了自己的清新脱俗。慢慢的，时间长了，经不住相公反复解释，居然有一天给了未央生暗示："玉香看到兴起，性趣大发，未央生又翻一页，正要指与她看，玉香把册子一推，立起身道，这书看得不自在，你自己看，我去睡了。"

民国时，著名性学专家张竞生曾对此有重要论断："此画犹如菜刀，一体两面，既可杀人，也可切菜。它既可能诱引好奇心重的青少年误入邪狎之途，也可用于两性之间的性激发。一直以来，它都是性功能障碍治疗的有效工具之一。"这句话，中肯客观，但还算不上周全。

须知，古代，广大民众性教育风俗的主要工具就是"避火图""嫁妆画"，皆为技法简陋质朴的有8—12张不同行房方式的画。在女孩十六岁碧玉年华出嫁时，父母就买上一两卷放在嫁妆中随带夫家，洞房之夜，小两口按画如法炮制即可；而此画还可避火，这是民间观念，因为火神是女性，见图羞而却步，故可防火。

时过境迁，互联网时代，这些古代画的尺度就算拼死叠加在一起，还不如现在一个网站情色板块图片的尺度大。现在的年轻人看那时的画，都是当成古董；不像现在，让人血脉贲张的图片随处可见，今人早已见多不怪，只把画当作文物罢了。

我装作生气的样子，这么个好东西早不给晚不给，偏偏现在给我："臭小子，明知我现在看了也没用，还给我看，是何居心？"

他装作无辜而认真地说："就因为是现在，你才一定要看啊。医生和你说手术结果是成功的，对吧？那你怎么知道是成功还是不成功呢，要试了才知道，不能光听医生说，对吧？你看了以后，如果有反应，说明你那东西是好的；如果你看了没反应，这事我看还没完，要走着瞧。"

想想也对，医生只是让我从此刻起，百日内不能用，没说百日内不能勃起。想想自己并未违规，不妨试下。但转念一想，万一雄鸡昂首，反应过大，波及蛋兄，导致伤口崩开呢？低头沉吟，不对，我术后其实早有晨勃，并无所碍。索性拿此画初试牛刀，看看机体反应，想来应该无妨。我打开卷轴，女赛巫山神女，男如宋玉郎君，帐内交锋，红绫被翻波滚浪，花娇难禁蝶蜂狂……我的伤处被牵动，开始有了些反应，很好，一切正常，鉴定完毕。

在术后的第一时间，我这位黑子兄弟用最原始的手法让我清晰地捕捉到，我的欲望，依旧是只不死的火烈鸟。

## / 幽默的力量

以上这几个朋友，不管他们怎么说，怎么做，他们的调侃产生出来的幽默，都让我的心情欢快了很久。从所罗门时代开始，人们就知道幽默有恢复病痛之奇效。《圣经·箴言》第 17 章 22 节告诉人们："喜悦的心，乃是良药。"古希腊人在给病人治疗时，会把观看喜剧演员的表演作为疗程的一部分；在古老的印第安人部落，也都会配备"丑角医生"专门表演滑稽的动作来治疗病痛。

对于世人而言，如果负面的情绪是病症的成因之一，正面的情绪则必然有助于患者康复，而在医学里，早已证明十分钟的捧腹大笑，可以给病人至少两小时的无痛睡眠。对于罹患重疾者或他们的亲友，唯有幽默可以成为他们力量和勇气的源泉。人在忧伤时，欢笑是从悲哀和沮丧中挣脱出来的象征，表示心中的伤口正在逐渐愈合，是再度拥抱生命的标志。无论病人多么痛苦，未来都是有指望的，当他笑得出口的时候，心里就会好过一点。

调侃带来的快乐，并不能让病痛本身得到治疗，但实实在在地，欢笑可以让人们的焦距外移，会让病人变得开阔，不再只是向内看，自艾自怜。好比牲口被关在小栅栏里面，时间久了，会变得烦躁不安，它们会踢来踢去，甚至把围栏弄翻，当你把栅栏加大了以后，牲口就安静下来了。在藏区的牧民中，流传着这样一句俗语："给你的牛羊开阔一点的草地，是控制它们最好的方法。"因此，如果要消除患者的痛苦，就要设法用幽默让当事人心里的围栏大一点，再大一点，继续，再大一点。

## / 探视病人须知

当你在探视别人的时候，你要特别注意和小心的是：

1. 有些探望病人的人，总想努力说出安慰的话，可说的都不在点上，显得虚了吧唧似的，有时更会不经意地流露出怜悯，可世上很多人不愿接受怜悯。你的怜悯感，只会让他觉得自己的病真是莫大的痛苦。

2. 还有些人，常会说："别着急，好好休息，不久后，一定会康复的。"这种安慰的方法被大多人认为最无风险，但其实除了发出善意的祈福外，并没啥安慰功能。

3. 对病人而言，身体功能的衰败，医疗过程的难以捉摸，自身情绪的焦虑，这三者的交叉混乱很难得以调适。故而，探病之时，你越紧张，病人也越紧张；你以调侃之心对待，病人也会放松。

我在住院期间，听到了一个对病人最有利最好玩的激励的故事是：隔壁一个胃癌患者做化疗后，变成了和我一样的光头，为了表示支持，他弟弟、他儿子和他爸爸将头发都剃成了大光头，等到他出院回家的时候，有一半的亲友也把头发剃了个精光，几周以后，周围的光头族扩张到百人。虽然不可能身边所有的人都变成光头，但是当生命失去平衡的时候，这种方式听上去真的让人觉得异常温暖，你说呢？

如果我没出事，按照约定计划，元旦开始，我应该是和一支奔赴南极的德迈旅游团混在一起半个月的。这支旅游团里有些团友，是因为当初我说要去，才决定报名同行的，结果我事发突然，反倒没去成。此事我一直耿耿于怀，觉得对人有所亏欠，引为憾事。

我在床上躺着的那天，一段视频发过来。这支旅游团里乐嘉队的队员，于天苍苍白茫茫凛冽寒风一望无际的冰川腹地，虔诚地跪在一群毫不搭理人类、只管自娱自乐的小企鹅面前，身后插着两面耀眼夺目的中华人民共和国国旗，一起咧着大嘴，左手摆出标准二，右手拇指和食指夹着一只鸡蛋伸在前方，另外三指掌心虚握着另一只蛋，前方那个蛋摇来摇去，摇来摇去……然后在冰天雪地里齐声吼叫着："乐嘉老师，我们爱你，蛋碎咱不怕，还有后来蛋，祝你的蛋蛋千秋万代。"就在台词吼到"蛋碎"的瞬间，"啪"的一声，所有人把前面那个蛋捏得粉碎，蛋壳碎片被蛋清蛋黄滴滴答答地黏在手里，掌心里那个完好无缺的蛋又"唰"地重现在眼前，那个画面，我充满感激，笑爆了。还好，蛋没笑爆。

要知道，对痛苦的病人而言，快乐本身就是奢侈品，你的安慰语还不如换成外边有趣的新闻或话题，让他从你这里得到快乐，这也许就是你可以给他带来的最大安慰。

记住：也许他记不住什么安慰的话，但他一定会回味你带给他的喜悦。

# 06
## 真情

．
．
．

**毋需多言，亦有温暖**

# / 把根留住

"清风推门开，似是故人来。"小米和老男人小木是在我伤后第一时间赶来看我的人。那时还没动刀，是我从医院第一次检查回来刚被送进宾馆。这个故事讲的就是他们在我受创后第一时间的那次看望。

他们进来时，房间清冷，脐针奇人梁医生刚把他的大手从我的肚子上移开，我也刚挂掉戴医师的电话。

小米绝对是看望病人时善用"调侃法"的一等一高手，也许是不想让场面太过悲伤，她从进来起就嬉皮笑脸，故作轻松。小木则似笑非笑，这种饱含深意的表情在我看来，布满玄机：朋友大难，不可过于消极，笑容昭示光明，但又不能开怀大笑，免得让人误会拿他人苦作自己乐。对一个有故事的老男人来讲，这种二合一的精妙表情，得体而到位。

我招呼他们在对面的椅子上坐下，点了点头。

小米率先开腔，询问来龙去脉，在我复盘案发场景后，又恨又痛。恨的是，节目组在设置活动中对风险的评估不够，对参与者的保护设计不够周全；痛的是，看到我全身是伤，难过不已。

她略带埋怨地说："都多大年纪哩，还这么不小心，自己也不懂得照顾自己……"

怎么会是我不小心？又不是我自己要摔伤的，事情也并非我人力所能控制的，和小心不小心，又有什么关系？这话说的，我已经一只眼睛瞎得看不见了，录节目根本就是无奈坚持，最后还把自己搞残了，现在，我都已经这样了，还要埋怨和批判？我心里层层反弹，表面却装作特别平静，颔首微笑："嗯，言之有理。"

我对小米的性格太熟，熟到她刚开个头，我就知道尾句她要用啥标点。我知她视我如亲人，但她这种表达关心的方式，多年来，我都不敢恭维。她的这种手法其实与前面"教育批判"篇中描述的场景一模一样。我想想自己，也是这种臭德行，开口就喜欢批判，少有赞美，扛的大旗就是"爱你才要批评你"，其实，当别人用同样的手法对我时，也不愿接受。我心里清楚地知道，我要的是带有默契的关怀，不要只是一味地说教。至于陪伴，我要的是那种无声的陪伴，陪伴者可以做自己的事，这样，我也可以做自己的事。不聊，则各人自做各人事，彼此没有干扰；可想聊的时候，不需客套，海吹神聊，免去在伤痛时由于寂寞和孤独随之而来的哀愁。

大概发现了我情绪不对，她话锋一转，改为"对比"篇中所用的励志手法。她一边拨弄手机，一边说："老师，没事的，咱先把伤给治好，你啥都别管，其他事我来处理。你知道陈奕迅是独蛋老人吗？想当年，陈天王在演唱会上不慎摔伤，变为独睾英雄后，否极泰来，雄风不减……你想想看，今后你在舞台演讲，穿着长袍，淡淡寒波生萧萧，你往舞台中间落定，就是一睾人胆大，哈哈哈。"

说罢，手机里响起难得的交响乐。

我问她："什么调调？"

她坏笑地看着我说："《威风堂堂进行曲》，怎么样？以后舞台背景音乐可以考虑用这首。"

看我面无表情地盯着她，似乎对她刻意打破我内心悲哀的努力毫无反应，她赶紧又举了个例子："你喜欢篮球吗？知道 NBA 的睾丸斗士内内·希拉里奥吗？人家比你年轻 7 岁，26 岁那年查出睾丸癌，五雷轰顶，马上做了睾丸肿瘤切除术，摘了一个蛋，两个月后重返球场。现在 NBA 打球打得欢着呢。"

可惜，这个球星不是我的菜，我无感。

小木从进来就一直在旁边没说话，只是静静地看着，听着，这时突然插了句话："睾丸癌？"

我斜着眼睛瞄着小米，有气无力地说："睾丸癌，呵呵。"

小米看着小木，开始给他解释："睾丸癌在癌变前没啥预兆，大部分是你们男人在洗澡时自摸发现的——如果摸到有肿大硬化，只要赶紧去检查，就没大危险。确定是癌的话，睾丸和精索必须一起摘掉。因为很少有两个蛋蛋都癌变，所以只会切一个。这是年轻男性的高发癌，发病率万分之一。"

我没心情去笑，悲哀地说："对啊，蛋癌是万分之一，我这种蛋碎的概率在人间又是多少呢？你说说，有百万分之一吗？"

小木对小米故作景仰地回了句："看不出，你的学识好渊博呀。"

小米赶紧谦虚道："哪里，家里磨难多，全家都有肿瘤，这几年天天和医生打交道，去医院就和回家一样，这个只不过是和医生聊天时听说的。"

我怀疑，她在今天来看我前做了大量功课。她的言语中，似乎早就做好了让我和蛋蛋诀别的准备。说鸡汤暖心，不过是打预防针，让我事到临头时，样子别太难看。可惜，天王和球星都没能让我获得力量，我听得头皮发麻，禁不住用手摸进被子，小心翼翼从我的大腿内侧匍匐前进，缓慢触到蛋兄边缘。我不知此时的他肿胀到何等程度，只知道，不小心碰一下，都是钻心的恐惧和无法预测的疼痛。"独蛋老人"和"睾丸斗士"，这两个称谓，我听上去毫无励志感。此刻的我，哭不出来，我知道自怜自艾没用，可我的确也不想以后变为身残志坚的楷模。我懒懒地缩在被子里，依旧充满悲哀，心里反复念叨着："我不要励志，我不要励志，我不要成功，我不要成功，我要蛋蛋，我就要蛋蛋……"

小米和我交流的这当会儿，小木说了今天进房间以来的第三句话："没事的，还没动手术呢，别多想，也许根本不用切。"

他说得很慢，我看着他，一字一句地对着他说："谢谢小木兄的鼓励，我拿我现在所有这些狗屁名利来换俺的蛋蛋这回不被动，可以吗？"

场面一片沉寂，冷了好久，小木说："老乐，别再拼了，好吗？看到你这样，我心疼。"

我听到他的这句话，再也忍不住，鼻子一酸，眼睛湿了。他走过来，坐在床沿上，右手放在我的两手中间，死死地攥着，左手拍拍我的肩膀，看着我的眼睛也是湿的。

我趴在他腿上哭了起来，反正我经常会哭，不在乎多哭一次。作为痛苦和不幸的重要部分，在这种压力和挑战下，我必须允许自己哭泣，我要松弛自己的紧张。接下来，我有相当漫长的时间需要不停地从绝望中寻找快乐和希望，更没机会哭了，所以，现在绝不能忽略哭泣的价值和作用。过去十五年，我和我的团队没有停歇地在各地举办性格色彩研讨会，帮助人们发现真实的自己，活得更加美好，在这个过程中，实在见了太多太多悲剧。很多人在一生中并不知道自己是谁，由于种种原因，按照别人给自己设定的要求行尸走肉地过活，总是压抑自己的眼泪，对自己身心健康的摧残先不讲，他们根本就不具备正常的情感释放和表达能力，我不想成为那样的人。

他们离房后不到五分钟，我又收到小米一条信息："乐老师，古往今来，还有好多厉害的人都是一个蛋蛋的，听说李小龙练功受伤，只有一粒蛋；还有希特勒曾腹部中弹，只有一粒；蒋介石小时候被一只嗅过他裤裆的野狗咬去了一只蛋蛋，据说此事是蒋纬国亲口所述；人家司马迁和东方不败都无睾呢，当然咱好像还到不了那么狠。所以，天降大任于你，就要先碎你蛋，伤你神，哀你心，你要自强不息，乘风破浪喔，一群性格色彩的传道者还等着你带着大家一起前行呢。我今天先走，明天再去陪你。"

她真是一个会激励人的高手，就这么一条短信，既用了"对比法"，有哪些名人都很惨，又用了"棒喝法"，告诉我不能轻言放弃，还有很多人跟着一起做事呢。

我回了她一条："感谢吉言，现在还不是练《葵花宝典》的好时候，你最好通宵祈祷这一天永远不要到来。"

迅即，她回了声："遵命，您老好好听。"跟着，就传了首音乐过来，《把根留住》。

## / 开光的心经

手术动好以后的第三天，是 2015 年的最后一天。他俩结伴去了龙华寺烧午夜的头香，那地方在那时候的排队场面，比春运时火车站的架势只增不减。

2016 年 1 月 1 日凌晨，我睡得迷迷糊糊的时候，懵懂中觉得有两个人影飘忽而至，然后窃窃私语道："睡着了，好像睡着了。"我闭着眼睛，听他们的口气里布满喜悦，然后，小木兄那双温暖的大手偷偷掀开我的头枕，往下面窸窸窣窣不知塞了个什么东西，手心的暖流通过枕芯传递而上，从天柱经玉枕直抵百会。

我故意装着不醒，不想说话。新年第一天的第一句话，我早就下定决心要在马桶间里面尿完尿后，对自己说："2016 年，不错的开始哟。"虽然人家这么辛苦来看我，我也不能破掉2016年的那层真气，就强行忍下说话的欲望。

两人飘出房间后，我看了下手机，凌晨2点10分，我左手吊着盐水瓶，右手费力地翻转进枕头下，摸出本比打火机大一点的《波若波罗蜜心经》，灯关上的时候，心经像夜明珠，黑暗中熠熠发光，想来是在寺庙里找大和尚刚刚开过光的。

其实，那经我是根本没时间定心去看的，但只要想到是开过光的心经随身护法，心立即安了好多。

手术后，有一次，小木来的时候，带了两份烤鸭和薄饼，每次都没多说啥话，但就是这份淡淡的情感，让我觉得恰到好处，受用极了。

之所以这么说，是因为"真情"这东西就是因为真，有个基本尺度，不能太夸张，否则太吓人。有位网友，在我伤后，发了一首名为《醒来》的现代诗歌，为我祈福。

> 如果爱不能唤醒你，那么生命用痛苦来唤醒你。
>
> 如果痛苦不能唤醒你，那么生命用更大的痛苦来唤醒你。
>
> 如果更大的痛苦不能唤醒你，那生命用失去唤醒你。
>
> 如果失去不能唤醒你，那生命用更大的失去唤醒你，包括生命。
>
> 生命会用生命的方式，在无限的时间和空间里，无止境地来唤醒你。
>
> 直到你醒来。

可能这就是传说中所谓充满真爱的粉丝吧，不过，这首诗看了以后，有点哭笑不得。它让我觉得，似乎我正在生命的边缘苦苦挣扎，死神正在向我愉快地招手，我随时都要做好准备和这个世界说再见。

　　和小米相比，小木兄绝对算不上会说话。但我没想到的是，这样一个在体制内混过多年已经饱经风霜的老男人，居然并不掩饰他的真情流露。他每次看我的眼神，都是在温润如玉中饱含着坚定。

　　记住：有时可能你传递给病人的是"我真的不知道要说什么，但我真的很关心""我不确定我能为你做什么，我心里很难过"。但这就够了。有时，你在面对他人痛苦时的手足无措，也是一种态度。安慰，并不一定非要说出来不可，拍拍肩膀、握手、拥抱，甚至陪他一起流泪，都是你的真情流露，是你的表达方式。有些时候，你能让他感觉到你的爱，就够了。

# 07
# 赞美

.

.

.

**良言一句，周身通畅**

用这招的人，基本上对我都比较了解，知道我意志薄弱，喜欢听好话，经不起糖衣炮弹，一被表扬，就立即飞上天，再大的苦痛，都可暂时忘却。

有的人赞美，是着重吹捧我面对疾病的态度，而且还把受伤拔高到使命，一下子，蛋碎的意义陡然被升华。

> 经历这样的痛苦，让人心疼的同时，也由衷佩服您的坚强和乐观。愿您能在这样的磨炼中，早修金刚心。正所谓天将降大任于斯人也，必先苦其心智。越大的障难，越是修行与提升的好时机，相信乐老亦得诸佛菩萨龙天护法加持，逢凶化吉。祝愿您能早日参透上天的用意。

可惜这个"降大任"，说得比较笼统，我迷迷糊糊中觉得天道正向我招手，但蛋碎后到底能对天下有何大任，一点谱都没有。但下面这条，就明确强化了蛋碎的意义，从继往开来的高度，给我展望了"碎了你一个，造福千万家"的画面。

> 看完了你网上发的文章，鼻子有些酸……给你发这条信息，是想说，你想做类似女性红丝带的事情，让有需要的人得到帮助，我觉得，你可以的，我一直相信。

在网上发表第三篇长文时，我感触很深，觉得女性有保护乳房的红丝带行动，但男性却没啥保护蛋蛋的蓝裤带行动，真可惜。我希望我写的东西，能为男性健康意识的推动起到积极作用。所以，这种鼓励虽短，却直抵心脏。你想啊，你写了一篇巨长的文章，所有人关注的都是其他部分，但你自己有数，文中有一句话是你最关心的，可根本没人注意到，恰好有人突然提到与那句话产生了共鸣，当时的感觉，就是士为知己者死啊。

还有的人，譬如性格色彩学院一个外地分院的合作伙伴，夸起人来，真舍得下口，搞得我很不好意思。

> 乐老师，我两周前动了子宫手术，在家休养，觉得人生给自己适时的提醒是好事。看到你的文章，才知道你蛋蛋的事情，老师你能量太大，上天需要用巨大的提醒才会让你警觉，我帮不上什么，只有祝福，愿老师经此一役，为自己也为所有人，珍惜自己！

意思就是——你为啥生这个病呢？说明你不是一般人啊，普通人还没机会得这么高级的病呢。想起从前的一个官场笑话，单位民主生活会上，开展批评与自我批评，一个处长严肃批评局长："你这个同志很不好，最大的毛病就是很不负责任，每天加班到那么晚，工作那么敬业努力，万一把自己身体搞坏了，还怎么继续为人民服务嘛。"

在所有表扬中，让我觉得最有水平的是《中国青年》杂志的资深编辑陈敏，一年前她采访过我，是所有采访者中和我对话前了解我最深的，当时我印象极为深刻。她回避了可能会让我沮丧的病情，而是将赞美集中在我所投入的事情上。术后，我写了几篇文章一抒胸臆，她知道我很在意我之分享是否与他人有共鸣，故而，集中在文字立意。她深深明白，赞美不仅是说好话，有时和他人就所关心的事情深入探讨，这本身就是最大的认可。

> 文章行云流水，又直见性命，好一堂生理知识兼心理咨询课。看时，会哈哈大笑，也会停停思考。会感动莫名，也会惊讶：为什么老师这么有勇气？！这次必然会丢下一个大炸弹。在中国，食色性也，少有公众人物自剖得这么彻底。"性"在古老的中国一直是个禁忌话题，20年前，李安拍的《喜宴》，用一场婚宴描绘出中国人

的集体性压抑，你的文章也许会被某些老夫子争议，但一定会有更多人理解，只需坚定您真正惠及世人的发愿。

她的话看得我热泪盈眶，需要说明，你可能会觉得，假设这个人已经在病床上惨不忍睹了，还用赞美这招，会不会让人感觉太过刻意？让人觉得不真诚？不够有同情心？

这种想法，是因为你在思考这个问题的时候忽略了一个重要情境。让我试着举个简单的例子。

假设你的好友突然失恋，她的男友提出分手，对她打击很大，大家也都很意外。当你见到她的时候，如果她正沉浸在痛苦和仇恨中无法自拔，你这时用赞美，显然不恰当。这时她最需要的，其实是陪伴、倾听和开导，让她学会换个思路，重新理解生活的变化。可是，当你见到她的时候，她虽然心情悲痛，但她对那个和她分手的前男友并没有仇恨，相反还充满感恩，我觉得这时对她表达你的钦佩，是完全合时宜的。尤其是在你预想她可能会走极端，她反而以平常心应对，这时，你完全可以给予真诚的赞美。

在医院里，道理是一样的。譬如，你可从各种不同的角度找到赞美对方的理由。随便抓，就是一把：为什么你在打吊针时的面色都比我打粉底要好？只有你这个病房的气氛是最松弛最欢乐的，其他病房路过都是死气沉沉，为何你的心态会这么好？我来的时候，他们都说没半个月根本就甭想爬起来，怎么才三天你就可以自己上洗手间了呢？如果我是你，遇见现在的情况，我想我是撑不下去的，你怎么做到的呢？几天不见，你手机上怎么突然多了这么多神奇的软件，我闻所未闻，看来你在医院，日子没白待呀，教教我怎么玩吧……

换句话说，当这个人在面对打击和病痛时，如果他呈现的是痛苦和低沉，当然是正常的，可以理解的，作为朋友，我们要帮助他走出来。但是，如果他呈现得远比你预料中要出色，你当然可以给予他你发自肺腑的感叹。如果你觉得有刻意之嫌，只能说明你是找不到东西赞美，硬生生地编凑。真正好的赞美和认可，都是由衷的，是有感而发的，是水到渠成的，是自然流淌的。

需要强调的是，在赞美这个问题上，有的人需求高，有的人需求低。

在四种性格色彩中，像我这种红色性格最喜欢吃马屁，他人的认可是红色性格前进的动力。你会说，难道其他性格不是这样的吗？是的，每种性格都喜欢得到别人的赞美，这是人的天性。但是在需求量上，完全不同。

十年前，我在我的第一本性格色彩奠基之作《色眼识人》中，曾阐述四种不同性格对赞美的态度和需求，也就是著名的"马屁论"。此刻，再次把那四句拿出，你对照着看吧。

- 红色性格：有屁不嫌屁多，无屁自去寻来。

- 蓝色性格：屁不在多贵在精。

- 黄色性格：小屁不可安邦，滚；大屁方可定国，留。

- 绿色性格：不以屁大而喜之，不以无屁而不喜。

记住，赞美和认可带来的快乐和满足，可以抵挡很多生理上的煎熬和痛苦。

# 08
# 陪伴

· · ·

**忙虑交加，不如守一**

## / 小库来了

库尔班江是《我是演说家》中我收的学生，当初参加节目，是希望更多人了解新疆，在理解民族差异上做点力所能及的事，他曾写过本影响很大的书《我从新疆来》。节目结束后，小库跟我学性格色彩和演讲，一直没停，随后，受邀在包括哈佛和斯坦福在内的全球 30 多所名校、政府机构及社会团体中做了很多演讲。（详情请参阅《演说家是怎样炼成的》）

小库知道我受伤后，打电话给我经纪人小米，说一定要来看我。我让小米转告他不要来，人在北京，又忙着自己那部《我从新疆来》的纪录片首映，这么熟的关系，折腾个啥，又不是追女友，急着献殷勤。何况，我手术顺利，死不了，而且也不需要人陪，很快就出院了。他死活不肯，说完这话的第二天，闷声不响，一大清早打着飞的，摸到了上海的医院。

从我内心来讲，的确不希望有人陪伴，最主要的原因只有一个：我在病房里给自己定下写字任务，需要把最真实的强烈感受，趁还清晰的时候，赶紧记下来，我怕时间拖久了，当下的感觉和思绪稍纵即逝，那我所有的苦都白受了。可是，如果朋友陪我，我当然也要陪人家说话，否则，过意不去。

小库进来时，我刚查完术后指标，还坐在轮椅上，我看着他那双原本就深凹因为疲倦而更凹的眼睛，两人紧紧拥抱了一会儿，跟他说："扶我上床吧。"

他伺候我上床，把床摇直后，坐在沙发上，看着我，憨笑着，啥也没说；我坐在床上，看了他一眼，然后闭上眼睛，啥也没说。过了一会儿，我慢慢睁开眼，盯着他，说："我不是让你不要来吗？"

"我这两天刚好在做后期，时间有空。你出了这么大的事，就过来陪陪你。"他腼腆地笑道。

我硬下心肠，对他说："好吧，那你就待着吧，不过，我要赶文章，没空和你说话，你最好自己玩你自己的事。"

他忙说："你不用管我，我只要在你旁边就好。"

这话听上去有点暧昧，两个男人间这样说话，感觉好怪。

中午吃饭时，医院送进一份配餐，俺娘送来一条鱼，一碗汤，一盒已经剥了皮的文旦。我跟他说，这也没你的饭，你也甭到外面吃了，咱俩就把这些干掉吧。然后，各拿一半，各吃各的，每个人吃剩一半，留给对方，交换，吃光。我上洗手间的时候，他要过来帮忙，我说："我自己一个人可以，你帮我，越帮越忙，我需要你的时候，会吱声的。"

我坐在床上写字，他就翻看房间里有啥书。除了六六送我励志的《史记》，就是我自己那几本准备送人的性格色彩书。他拿了本《色界：说话说到点子上》，有一搭没一搭地看，我瞄到了，惊讶地问："这本你没看过吗？"他说先前翻得潦草，难得有机会像这样静下来慢慢看，现在看看各行各业的高手在谈怎么用性格色彩创造财富和生命的精彩，还是很有启发的。

## / 近在咫尺，短信传情

小库就这样陪我坐了两天两夜，除了吃饭时偶尔几句闲聊，全部加起来，其他时间说的话还不超过三十句。开始，我还有点内疚，觉得兄弟大老远来，我都不和人家唠唠嗑，就让他一个人在旁边傻坐，不太好吧，转念一想，这是他自己的选择，他要陪，那就陪吧。

之后，想和他聊天时就给他发个信息，比如："你这一年自己筹拍这个纪录片，对自己的长板和短板有更清晰的认知吗？""做这事对你来讲，最大的意义是什么？""这事最大的是难点在哪儿？""你外出演讲时，有用到什么课上教过你的内容？""你以前蛋疼过吗？""你老婆如何评价你的战斗力？"……小库是个聪明的家伙，他就坐我旁边，不到两米，收到我的信息，懒洋洋地，一本正经地在手机上吭哧吭哧地回复，时不时露出些怪异的微笑，我收到后，直接回给他，两人就这样聊着。

我发现用文字来交流，虽然慢，效率低，但这个过程有无数过招的细腻、默契和深层的快乐，就像太极推手，乐趣无穷，不像直接电话或当面说，完全破坏了这种美感。

而在四种不同的性格色彩中，谈事最喜欢用电话，或用语音直截了当回答的，多是黄色性格，他们奉行短平快，追逐高效率，和他们谈事很干脆，但和他们谈情很无趣。

他们并不享受这种太极推手的方式，更喜欢拳击，你来我去，直截了当，行就行，不行拉倒。这就是我若和黄色性格的女孩谈情说爱，总觉得无趣的原因。当然，如果你是黄色性格，正读我的这段文字，你可能会觉得我才无趣，是的，正是如此！不同性格对同一词语的定义是不一样的。

事实上，不仅是两性的情感，即便是同性的朋友，也是如此。像我跟小库，他也很喜欢发信息，其实完全可以一个电话就聊掉所有问题，但我们常发很多文字交流，这东西就是种人和人之间的感觉。可是换了另外一个黄色性格的朋友，我是绝对不会给他发信息的，如果有什么问题请教，就直接留个语音，他会马上语音返回，效率高极了，黄色觉得能说话解决的，干吗要浪费时间打字呢？有时，我会很痛苦，当我发信息给一个人，而这人经常用语音回复我，我就知道大家不是一路人，这种交流的方式对方并不享受。这样的话，要么换个人用这个方式交流，要么还是这个人，你就要换个方式交流。总之，白天不懂夜的黑，也的确不懂夜的美。

我很清楚，这本书的读者有很多根本不了解性格色彩，所以每当看到我聊起性格，有人会郁闷，有人会不解，为何我总是这么痴迷性格色彩，动不动就讲点红蓝黄绿？

嘿嘿，因为我知道，即便你现在觉得没啥用，我非常确定，有一天你会发现你所遭遇的麻烦和碰到的人与事，都逃脱不了性格的规律。这个工具会帮你想清很多你自己挖空心思很多年，怎么想也想不清楚的、困惑已久的、你自己身上和别人身上的问题，还能帮你找到解决问题的方案。

临走，我们又狠狠地拥抱了，比见面的拥抱更久，因为不知下次什么时间才能碰到。他说他会每天为我祷告的，然后绝尘而去。（本书出版之时，库尔班江的这部纪录片已在央视一套、四套、九套、十三套播出，在对内民族大融合和对外传播中国故事上，都起到了巨大的积极作用。）

这一次，恐怕是这辈子一个男人陪我最长又最安静的一段时光。上次这么长时间地被男人陪伴着，应该是 1999 年我人生最痛苦的一次失恋，那次，是胖胖和汪汪两位兄弟的陪伴，帮我度过了心灵最痛苦最黑暗的阶段，和这次完全不同。弹指一挥间，17 年，毕竟还是，老了啊。

## / 啥都甭做，陪着就好

小库陪我的这两天两夜，的确话没说多少，可我在他的陪伴中，体验到的是情义和温暖。

陪伴，要做到的是"静静陪伴"，我对"静静"二字的理解是：不要总想着为对方做些什么，只是陪伴本身，就很好。

一个朋友给我写了封信如下：

你的书稿看完后，我哭了，如果时间还能倒退，我想多做两件事。一个是调侃，我常给我爸压力，我多想制造让他轻松的氛围，可我没做到。另一个是陪伴，那会儿我一直使劲儿想做些什么，觉得不能眼睁睁看我爸没了，其实反而没花任何时间在陪伴上。

因为放疗的副作用，有一阵我爸总有愤怒的无名火，他说为什么他自己那么好的人，一辈子没做什么坏事，会得这样的病。有次，我看他摔东西，把我们都轰到房间里，我偷看到他自己很可怜地坐在那发呆，我都不知道我能做什么。所以，我觉得那会儿是不知道该怎样安慰，好像我都没起到作用。我妈有时也会急，那时家里气氛紧张得不行。

再之后，我跟我妈，尤其是我，常控制不住紧张，因为我控制不了自己，情绪影响了我爸。我自己压力非常大，对一个重病的人来说，肯定会更敏感。那段时间，我把所有对肺癌有帮助的保健品全买回来，教他怎样吃，我嘴上轻松，但行动一直在给我爸压力。天天各种哄，我爸各种反抗。可他越不好，我就越紧张，我越紧张，就越逼着他吃这吃那。我就觉得那时真的丝毫不能松懈。最后，我爸直接把我轰回北京了。因为我实在做不到眼睁睁看我爸等死，必须要为他做点事，可我又不知怎样救他，于是就只能逃避。

一个月后我再回来，我爸就卧床了。卧床后，我吓得不敢再说什么，啥都顺着他，可那时，我爸也不反抗了。我说什么，给他吃什么，特别苦的药，他都配合。但那会儿，他已两便失禁，差不多倒计时了。

虽然最后是在陪伴，但太迟了。其实我跟我妈都不懂照顾病人的心理，因为自己都搞不定自己的情绪。我读了这个书稿，直到今天才知道，如果真的不知道做什么，哪怕什么都不做，就陪在一边，也比我那样着急地逼他要好得多。可就是这样最简单的事情，我都没为我爸做到。我恨我自己，我好后悔，可现在一切都已经晚了。

我理解你想尽快终结病人痛苦的心情和发心，但可能你未必帮得上忙，或反把事情弄得更复杂。其实，你可以啥都不做，只是坐下来专心陪伴。帮助那些病患中的人们，并不需要你比他更强壮、更智慧、更聪明、更有能力、更懂得抗压，只要你确认对方需要你的陪伴，你就只做陪伴一事即可。

很遗憾，在这事上，对黄色性格是莫大的痛苦。因为黄色性格的人生价值是帮人解决问题，黄色性格认为必须通过行动，才能使事情得到改变，而如果我只是陪伴，又不解决问题，那是毫无意义的浪费时间。黄色性格骨子里认为，只有"结果"，才有意义，他们一生都不理解——有些时候，啥都不需要做，陪伴本身，就是意义所在。

如果你什么都做不了，陪伴吧。

如果你什么都不会说，陪伴吧。

如果他需要和你说话，就陪他聊聊天，聊他想聊的一切。

如果他需要独自安静，就闭上你的嘴，静静地陪在身边。

最后，以我的好兄弟谭昊的话作为本篇的结尾，他从财经媒体人转为资深投资人，在这个过程中，历经惊涛骇浪。我在住院的那个元旦，他发给朋友们的一篇新年祝词里写的话，哲理环绕，实在太妙，全文引用如下，与君共勉。

今天，我们来谈谈脆弱、悲伤与无助。此时此刻，我的兄弟乐嘉正躺在医院的病床上。他的语气其实有点悲伤。我试图给他打气：

"你在我心目中，从里到外，从上到下，都是铁打的。我老婆看到你在央视真人秀《了不起的挑战》上做棒棒工，扛着 300 斤重的东西健步如飞的时候，对你的崇拜如滔滔江水连绵不绝。"

他哀怨地说："这正是我悲伤的地方。你们都看到我的坚强，却不知我内心的脆弱。"

我说，某些时刻的脆弱，恰恰孕育了另一些时刻的坚强。坚强是从脆弱里孕育出来的，好运气是从坏运气里孕育出来的，光彩是从黑暗中孕育出来的。

如果你是乐观派，即使有 100 个悲伤的理由，你也一定能找到 101 个快乐的理由。反之亦然。没有永远的好运气或坏运气。人生是一个天平，而你就是决定天平走向的那一根稻草，重如泰山的稻草。因为，心的力量远大于泰山。不要试图去追求宁静、快乐和幸福，此时此刻，你已俱足。

# 09
# 自助

.

.

.

**上天有神，我心即佛**

无论你多么强悍，每个人，在自己的一生中，总会有无助的时候。当我无助悲凉时，我常常想，我该怎么办？

　　人类是群体动物，需要相拥取暖，共御外敌。当我们情绪低迷、人生灰暗之时，安慰、陪伴、鼓励、教育、激励，这些外界力量的介入，都可支撑我们坚持和前行，产生"这个世上并不只是我自己一个人在战斗"的感觉。

　　因为人与人的差异，每个人在面对脆弱时，需求心理支援的欲望完全不同。你比较倾向于哪种呢？

　　● 红色性格，需要认可、关怀和鼓励，无比需要在人与人的互动中汲取养分和力量。

　　● 蓝色性格，需要亲密关系的深层陪伴，尤其渴求心灵深处的理解。

　　● 黄色性格，痛恨怜悯和同情，没有依赖性，不喜欢陪伴，认为只有自己才能解决问题。

　　● 绿色性格，可有可无，有很好，没有也无所谓，心态平稳，认为问题总会解决的。

　　现在，你可以看到，面临人生低谷时，虽然每个人都需要爱和支持，但对比之下，在"需要的方式和需要的程度"上，人和人是有天壤之别的。

　　遗憾的是，如果你是个病人，或你此刻正面对沉重打击，不管你情感需求是高或低，不管你是独立或依赖，不管陪你的人是多或少，多数时候，你仍要自己单独与煎熬作战。没人可以代替你疼痛，没人可以代替你躺在遍布冰冷仪器和刺眼光芒的手术台，没人可以代替你经历身体重创而带来的心理变化。当没有外力支援时，终究还是要自己面对，无法逃避，你指望靠别人的支持和鼓励就可安然熬过一切痛苦，纯属扯淡。

那么，当没有外人支持的时候，我们还可以靠谁呢？也许，唯有信仰！

## / 我们为何需要信仰？

我们为何需要信仰？在很多宗教史的研究中，都表明了这样一个观点：当人类遇见自己无法掌控的事物时，灵魂深处就需要一个支柱，需要一个我们自己认为远远比我们强大的声音给我们解释，说服我们。所以，世界各种文化都有自己的信仰——耶稣或释迦牟尼或自己的神祇……只要人类对生命还存在困惑，就一定会希望有一个无所不能的神庇佑自己。

一直以来，我本人除了对道家文化还算痴迷，并没有什么明确虔诚的宗教信仰。去任何地方，都是进哪跪哪，逢像便拜。走进教堂，胸口画十，低头祷告，跟着唱诗班唱圣歌；进了庙堂，默念佛祖，见佛拜佛，见菩萨拜菩萨，就连路过破庙里的土地公，照样磕头如捣蒜。我这样做，倒不是出于哪门哪派都不得罪的心态，而是我的小农意识强烈地暗示我，神灵能流传这么久，应该都各有其专长。如果是虔诚的信徒，当然只拜自己的神是对的，但对我们这种没有明确信仰的小老百姓，多拜几个神，礼多人不怪。

这种做法，一直被我身边一个对自己的信仰无比虔诚的朋友所不齿。他觉得我三心二意，脚踏几条船，是个企图左右逢源的投机主义者。他警告我，我这样是行不通的，是不会有好下场的，我这种见谁都拜的做法，还不如索性一个都不拜。他觉得他的神灵铮铮铁骨，根本就不稀罕我这种没原则的人去拜。我被他讲得灵魂吓出，汗毛孔乱翻，说得这么极端，事态有这么严重吗？可惜，我又没能力和他的神对话，没法去验证事实是否如此。我也怕他那个厉害的神回头诅咒我，只能牙齿上下打抖地赶紧赔笑，跟他商量："兄弟，你放心，如果有一天我选择了一个神，一定会从一而终的，现在我不是还没觉悟，暂时还没开化嘛，教外闲人，仰望就好。你要是不满意，要么这样，其他神的著作，我书架上只放一本，但你家神的著作，我书架上放两本，以示区隔，怎样？"他见我死皮赖脸的样子，不好再骂笑脸人，就说："算了，不和你计较了。"我刚喘了口大气，庆幸躲了场大劫，他头一回，又说了一句："不行，要放三本。"

## / 祷告的秘密

在我半死不活地仰望病床天花板的时候，我的一些朋友纷纷在不同的地方，在他们各自所归属的宗教体系，以他们的方式，为我祷告祈福。我又羞愧又感激。羞愧的是，平时我对他们的神，没那么多投入，现在生病了，还要麻烦神，神会不会有被利用的感觉？感激的是，朋友们不惜浪费自己的功力为我延命，祈祷发生作用，定是神看在他们的面子上，他们把积攒好久的功力费在我身上，我该咋还啊？就像黄蓉被裘千仞打伤后，要靠一灯大师耗力驱毒复原，然后，一灯要闭关几年才能恢复啊，这个情欠得太大了耶，我实在不知怎样向朋友表达我的感激。

他们听了后，快笑断了裤带，说我偏得太远。他们说，如果我病好了，不仅给他们带来大喜悦，而且他们自己的功力也会得到巨大提升。我原本觉得，我病了，朋友为我祈祷，是耗费他们的元阳；现在才知，我病好了后，还能让朋友功力大增，搞了半天，我反成为他们提升功力的补品了？我琢磨着从他们身上多知道些他们到底是怎么想和怎么做的，搞清楚力量从哪儿来。

## 与神对话

黄国伦和寇乃馨夫妇，著名音乐人和知名综艺节目主持人，一起参加《我是演说家》，寇乃馨跟了我，黄国伦跟了嘉玲，夫妻同台大战。后来他们一起学了性格色彩，在全国各地的性格与婚恋演讲上，经常现身说法，展现恩怨情仇和鹣鲽情深。

黄国伦演讲时，我从他的激情澎湃里看到牧师的影子。后来才知，黄国伦被他娘从小逼着信基督，一直抵抗，誓死不从。后来查出严重肾结石，石块堵塞尿道，医生说你小子必须马上动手术，黄国伦先生只能去拍 X 光，拍到一半尿急，溜去洗手间，在马桶上，实在害怕，就开始祈祷上帝，说上帝你有本事让我现在不动手术，我发誓马上就信你。（哈哈，想不到他居然也是个投机主义者。）结果刚祈祷完，石头就掉出来了。医生拿到尿前和尿后的两张 X 光片，就哭了，让他洗洗回家吧。此后，他常常可以尿出石头。这就是他臣服于上帝的故事，我怀疑他是怕万一再不信上帝，上帝再把尿石给他安装回去咋办。这个像天方夜谭的故事，我当成《山海经》在听，但我依旧震惊。毕竟，黄府就供着一个小瓶子——"恩典罐"，里面珍藏有黄国伦这些年尿出的各种形状的奇石。寇乃馨小朋友更别提了，人家从小抱着十字架睡觉，爷爷在华人布道圈里是响当当的好汉，弟子无数，三代同堂，基督世家，满门牧师，区区祈祷，不过是她血液中流淌的家常便饭而已。

在我生病的第一时间，寇乃馨告诉我，他俩已为我向神做了祷告。我说你和神说啥呀？她把祷告词发我后，吓到我了。

> 亲爱的耶稣，我知道你深爱乐嘉老师，你一直看着他，等候他，也多方安排我们能相遇相知，能一起共事，能同享主恩！主啊，你知道乐老师现处在紧急危难中，他的身体与心理都承受很大的痛苦，主耶稣，我切切恳求你救他！释放他的苦！主啊！你是全能的医生。我恳求主保守医治受伤的乐老师，求主赐他心中有平安，身体得痊愈！

求主恩待乐老师，赐他最好的医师，能做出最周全的判断，做最完善的处理。求主帮助乐老师，主啊！愿你的爱临到他，让他遇见主恩，更遇见主耶稣你自己！主啊！我恭恭敬敬将我们担心的乐老师交在你手中，他虽然经过死荫的幽谷，求你使他平安不遭祸害。求你让他经过这次难关，他的身心灵都要变化更新，能有越来越美好的心境与成就！主啊，求你撑住乐老师，让他不但能渡过难关，你更要使他未来的日子，比从前更温柔也更坚强，有超过所求所想的美好！我奉耶稣宝贵圣名来祝福乐嘉老师：愿主的恩惠平安一生随着他，成为他随时的帮助！这样祷告，是奉耶稣的圣名求，阿门！

怎么一个祈祷要说这么长的话？居然还不带重样的？我一直以为祈祷的秘诀就是精简重复。我从小跟我奶奶去庙里，她老人家教导我，就说一句"南无阿弥陀佛，让他快好吧，我给你磕头啦"，然后，继续重复这句，说完了还说，再说，再说，再说，不停地说，说上千百遍。我奶奶没文化，不认识"精诚所至，金石为开"这八个字，只知道认识菩萨的人太多，讲太长，菩萨记不住，要让菩萨记住你，很简单，重复最有力量。很多年后，我觉得奶奶真是哲人。

## 神不理我怎么办？

这么鸿篇巨制式的祷告，我可是第一次看见。我跟寇乃馨说："你和上帝说了这么多话，上帝应该会听见吧，可万一听不见怎么办呢？万一听见了，上帝不搭理你怎么办呢？你跟我讲讲，到底什么是祷告呢？为啥要祷告呢？"

寇乃馨表现出前所未有的耐心："祷告，就是和神说话，或为联络情感，或为赞美感恩，或为求助求福，都可祷告。随时随地都可祷告，内容什么都行。这次的祷告就是我们向神求助。但多数人只在有求时才祷告，想要钱时才找爹，太现实了。"

　　我心里想，这说的不就是她自己老公开始的样子吗，哈哈，十足的投机分子。但其实我关心的是，她的祷告灵不灵，突然，我发现自己的这种想法也很投机，即便如此，我还是鼓起勇气，装作若无其事地问她："你每次祷告，上帝都答应吗？"

　　她斩钉截铁地告诉我："女儿找你提要求，你每次都会答应她吗？你对女儿的祈求一般只会有三种回答：行，不行，等等。同意，是因为女儿求的与你想的一样；不同意，必是因为她之所求，你觉得不该答应或你有更好的安排。"

　　我被她这句话一下子把思路带到闺女，想想好像的确如此。灵儿每次和我说冰淇淋好好吃，我就不理她，她重复了三十遍同样的话以后，发现拐弯抹角地暗示我，还是没用，就会开口说："爸爸你还记得不记得你给灵儿第一次吃冰淇淋是在哪里呀？"我告诉她，爸爸不记得了，她就兴奋地接话："在动物园喔，爸爸最好啦，给灵儿吃冰淇淋。"又过了一会儿，期盼地看着我问："爸爸，你想不想吃冰淇淋呐？"我说："太凉了，不好吃，爸爸不想吃。"她失望至极，扫视着周围，然后继续说："爸爸，你看，其他小朋友都在吃，他们的爸爸都给他们买冰淇淋吃喔，他们都是好爸爸，爸爸你要不要也给灵儿买个呀？"……我对这丫头旁敲侧击、锲而不舍的战术早习惯了，这种情况不能急，也不能气，还不能不理她，就对她说："爸爸有比冰淇淋更好吃的东西等着给灵儿呢。"她赶紧问："是什么呀？"我说："先保密。"过一会儿，拉到一个书店，让她自己挑本喜欢的漫画，送给她，然后慢慢和她讲道理。（后面的过程就不在本书赘述了，日后在《性格色彩亲子宝典——因人而异，因色施教》和《如何搞定你的孩子》中详细探讨。）

　　在这点上，我的确认为是需要等等的，我认为我会给她的比给个冰淇淋更好，只不过此刻她一个三岁的小朋友，暂时还不能理解，长大了，就会明白的。

## 为啥要祷告？

我发现我做的事居然也能向上帝靠齐，有点小激动，就继续问她："那祷告到底可得到啥呢？"

她一字一句地告诉我："有时是明显的结果，有时是无形的信心，有时是盼望，有时是安全感。有时是借由祷告让心情转为喜乐。祷告能有奇迹，固然奇妙，但更重要的是，我觉得，祷告可改变内在的心意流转。"

在她说完这话以后，尤其是那句改变心意的流转，我觉得有点意思。也就是说——问题也许还是那个问题，但你看待问题的心态就变了。貌似积极思维都倡导这个理念——你无法改变已发生的事情，但你可改变事情发生后看待事情的态度。

我问了她最后一个问题："祷告如果没结果咋办呢？"其实，我的潜台词是："祷告如果没用，还信它作甚！"

她的回答是："主是全能的，比我们更知道事情怎么做才更好。塞翁失马，焉知非福，人们常不知未来如何，有时候，神没照我们的祷告行事，是因为神知道，苦难或病痛，有时是让我们成长，或是让你明白更深道理的必要之痛。"

这里的关键是：基督徒永远相信上帝是无所不能的，可主宰一切。当得知本书书稿完成的消息时，寇乃馨不淡定了，她激动地说："你知道不知道你为啥能写出这本书？"我不知她要耍什么把戏，想了想说："因为蛋碎了好痛，好怕，我一直都是越痛苦，越能写东西。"她说："才不是哩，当时我们祷告，只求上帝治你的伤，岂知神要你浴火重生……让你写出本书？谁能猜得到？这算不算上帝听了并应允了我们为你做的祷告？上帝短暂封锁了你的视力，是想给你永恒智慧的眼光！上帝让你蛋碎，是要让你写出《淡淡》！"

我突然发现，我好像发现了一个关于神的秘密，这个秘密其他人可能早就知道，可我直到今天才反应过来。那就是，神的厉害在于：你去祈祷，如果事情最后成了，就是神在庇佑你；如果事情没成，就说明神在考验你，让你继续，在后面给你更好的安排。关键是，所有的基督徒都认为这话是真理，要绝对相信，你就可以得到你想要的；但不是基督徒的人，就觉得这是上帝的花招，正说反说都是对，其实随便谁都能这么说，自己都可以对自己这么说，干吗还用上帝啊。

爱信不信，信则有，不信则无。

## / 相信自己

### 你就是佛，佛就是你

中国人在关键时，常会感到"叫天天不应，叫地地不灵"，于是才会顿悟，求神不如求人，求人不如求己。而要得到天助，首先就要做到自立。这也就是孔子所说，"君子求诸己，小人求诸人"；《易经》所说，"天行健，君子自强不息"。无论进退成败，最终都只能靠自己。

当年宋孝宗到灵隐寺问禅师："飞来峰，既已飞来，何不飞去呀？"对曰："一动不如一静。"至大殿礼佛，见观音像，问曰："菩萨手持念珠，念啥哩？"答道："念观音菩萨。"疑问："天下人都念他，他自念做甚？"僧答曰："求人不如求己。"

后来，根据这个著名的宋代典故，现代人又编了很多知名的段子传诵。

某人屋檐下躲雨，见观音撑伞走过。那人说："菩萨，普度下众生吧，带我如何？"观音说："我在雨里，你在檐下，而檐下无雨，你不需我度。"那人立刻跳出檐下，站在雨中："我也在雨中了，该度我了吧?"观音说:"你在雨中,我也在雨中,我不被淋,是因为有伞;你被雨淋,因为无伞。所以,不是我度自己,而是伞在度我。你要想度,不必找我,请自找伞去。"扭头便走。第二天,此人又遇到麻烦,便去庙里求观音。当走进庙,发现观音像前,也有一个人在拜观音,长得和观音一模一样。人问:"你是观音吗?"那人答道:"正是。"人又问:"那你为何还拜自己?"观音笑道:"我也和你一样遇到了难事,但我知道,求人不如求己。"

看来大家都知道,"求人不如求己"是刻骨铭心的古训。在这个问题上,苏东坡也有过同样的困惑,佛印禅师为此还专门点化过苏东坡。佛印就是那个和苏东坡斗嘴的禅宗大师,苏东坡说他看着像一堆屎,他说苏东坡看着像一尊佛,结果苏东坡发现自己吃了个大亏,心中有啥,眼中有啥。在"求人不如求己"这事上,佛印给苏东坡的解释是:念观音求观音,不如自己做观音;自修自悟和自食其力,都是学禅者的榜样;与其天天去念佛拜佛,不如自己去修行,自己去度自己。

这个观念,很明显就和之前的宗教不甚一样,意思有点像"你就是佛,佛就是你"。强调的是,人必先自助,而后天助之。

## 不再消极

我刚刚蛋碎的时候,网上有不少粉丝心疼我,为我喊冤。他们对偶像的蛋蛋居然被节目给搞碎了一事,表示无法接受。虽然我的粉丝从来没粉过我的颜值,而我也不靠蛋蛋吃饭,但毕竟对粉丝而言,蛋碎,是对他们梦幻的重重一击。他们纷纷发声,痛斥节目组危机意识淡薄,要求节目组得赔乐嘉老师一个蛋!是的,我也很生气,我也很想找个罪魁祸首来发泄一下内心的愤慨,但问题是,蛋蛋这玩意儿能赔得出来吗?

对一件无法改变的事情,如果你永远执着于这个事情本身的悲哀,你不但解决不了问题，且只会令你哀上加哀，直到最后，包围你的全是沮丧、抱怨、痛苦、消极、愤懑和颓废。

解放前，有个极其先锋的短篇小说《出狱》，故事大意是：文生是个健壮开朗的男人，坐牢十五年后，回到家中，见到老婆，完全没有如狼似虎，而是对老婆的激动和热情，无动于衷，表情木讷，语言冷淡。于是，老婆就问他："你在牢里，常常想我吗？"文生的回答比我奶奶还更像个哲学家，真是石破天惊！破天惊石！！天惊石破！！！惊天破石！！！！他回答："想你？如果常常想你，那也活不到这十五年。"

就在人们以为他会回答"你是我唯一的希望，是我活下去的动力和勇气"时，他已经学会了遗忘。这兄弟的做法显然不够积极，避而不想。但在不够积极的情况下，至少这个做法可以让自己不再消极下去，如果他每天想着"哎呀，我怎么办，我老婆一定跟其他男人跑了，我老婆一定天天给我戴绿帽子"，恐怕不到一年，就精神错乱了。

## 以心转境

面对人生困境时我们应该如何以心转境，在这个问题上，对我影响非常深的是跟我学演讲的三个学生——无腿侠陈州、断臂维纳斯雷庆瑶和中国旗袍先生崔万志。他们仨都是残障人士，都在演讲节目上跟过我，之后都系统地学了一段时间演讲和性格色彩。

陈州从小随爷爷乞讨，被火车碾去双腿，做了流浪的卖艺歌手，之后徒手登泰山，现在每天游走各地为成千上万的人们演讲激励；庆瑶美人儿自小被电击失去双臂后，成为残疾人游泳运动员，做了电视台主持人，做了自己的化妆品品牌，现在在新加坡读商业管理，每次发短信给我，都是左脚夹着手机，右脚趾打字；而万志以一篇《不抱怨，靠自己》的演讲将他的故事传遍大江南北，他天生残障，成长过程中备受屈辱和歧视，却创造了电商销售旗袍的世界纪录，每一个和他交往的人，都能从他的笑容中强烈感受到积极与乐观，都在离开他的时候，记住了"不抱怨，靠自己"这六个字。

他们所经历的一切，无论我怎么想象——都只会比我想象中要艰难百倍。相比小说中那个不想老婆的文生，他们仨无法不去正视自打事故后自己人生终究要面对的一切磨难，他们都无法改变事情本身，但是都能改变自己面对事情的态度。

在著名的《小王子》里有张众所周知的图，在大人看来，就是一顶礼帽；但在孩子的眼中，是一张蛇吞象以后的变形蛇。禅师路过某地，向老太讨水，见老太愁眉苦脸，问其原因。原来老太有两女，长女嫁给卖伞的，次女嫁给卖面条的，老太担心天晴时卖伞的女儿没生意；下雨时卖面条的女儿无法晒面条，不管好天坏天，都烦恼无比。禅师听了，只建议老太倒转心念。天晴时，想卖面条的有得晒；下雨时，想卖雨伞的有得卖。多好！这种方法就叫"以心转境"，也就是说，用新态度来理解旧情境，转负为正，从天气和职业变不了的"心受境缚"到"以心转境"改变态度后的豁然开朗。这种禅宗的"以心转境"就是积极心理学里提到的"你无法改变事情本身，但你可以改变看待事情的态度"。

## / 结 语

坦率说，我写《淡淡》一书，就是希望我受的这点苦能不白受，为普天下在病床上受过苦和未来即将受苦的朋友们说点病人的心里话。假设日后，历史证明这本书还有点价值的话，只要蛋蛋用起来没大碍，我这一遭也算得上是转祸为福。毕竟，这样的经历，不像丛林探险，不像上天飘移，即便你有用不完的钱，挥霍不光的时间，超越极限者的胆量，你就是啥都想试试，再想体验，也未必会去做自碎其蛋这样奇葩的事情。

最后，本章内容充满玄机，怕你没耐性，就总结下我想说的：

第一，有个信仰，就像是多了层加持、护法、庇佑、神助，让自己时时心安，处处心安，至于你跟随哪个神灵，那是你自己的选择，每个人有宗教信仰的自由。

第二，无论你多么强大，总有虚弱的时候，在你强大的时候，你无法体会信仰的好处，当你虚弱的时候，你的信仰会滋养你。

第三，真正有信仰的人，心灵会有归宿，我相信那是一种幸福。没有信仰的人，暂时没问题，有一天遭遇重大打击时，说不定你也会去找一个信仰来支撑。

第四，不管你有没有信仰，凡事都需自己努力，啥也不干，坐吃等死，每天等着天上掉馅饼的事情发生，那是白日做梦。外在助力，只能辅助，并且，往往只会使受助者走向衰弱；而内在自助，会使自救者成长。虽然对于这个世界，我们是那么的渺小无力，但命运还是可以掌握在自己手中的。

# 跋

. . .

## 苦难的意义

初次听闻日本小说《春琴抄》，觉得不过是个爱情故事。

故事描述了明治年间有个白富美女孩叫春琴，九岁因病失明，苦练三弦琴，成为了美丽绝伦、琴技高超、桀骜不驯、清高古怪的著名盲眼琴师。从小照顾她的仆人佐助，和她日久生情，可春琴从来都只当他是小厮一枚，绝口不认彼此的情感，而佐助依然忠贞不二。后来，女孩被毁容，头纱覆脸，不再公开露面。为了不让春琴难过，佐助用针刺瞎了自己的双眼，感天动地，春琴泪奔，两人相爱。

主动刺瞎自己双眼的这个动作，让佐助毅然割断了外界的一切干扰，将自己心目中的女神定格在那个最美的记忆。表面上看，女孩的姿色消失了，可男子断绝视觉后，才真正打碎了自己原来对女孩爱情中的那种无法抹除的卑微；而女孩失去原本自傲的美以后，才得以有机会经历真正的幸福。高僧评曰，刺瞎双眼的那一刻，转瞬间断绝内外，让丑转为美，真是禅机玄妙。

时过境迁，斗转星移，当我这次躺在病床上，又一次听到这个故事时，再闻涕泪满衣衫。

我的这场蛋碎，某种意义上，有点接近佐助的这场失明。不过，我这样和人家做对比，当算是我自己厚着老脸强行高攀。事实上，人家和我，面临的状况完全不在一个等量级，有天壤之别。

首先，人家是主动刺瞎，而我不过是被动蛋碎，论勇敢，人家是正宗的壮士断腕，我充其量只是意外伤害；其次，人家眼睛瞎了后，"风萧萧兮易水寒，壮士一去兮不复还"，是真的两眼一抹黑，此生无法得见光明，而我现在蛋碎了后，好歹还补了回来，对未来的实战也没啥影响；最后，论结果，人家是"失不再来"，没了，我是"失而复得"，还在。

佐助的这场失明，闭上了外眼，打开了内眼；闭上了现实之眼，睁开了心灵之眼；闭上了花花世界，进入了内在空间。同样，我的这场蛋碎，暂时让我关闭了身体最重要的快感之门，断绝了向外求高潮的一切可能，逼迫我只能向内求平静。恢复期间，这场长时间的自我对话，影响了我对待生活的态度，我真心希望自己能变一个人，安时处顺，自然无为，清虚自守，全生避害，与自然归一，齐于天地，超越生死。虽然对我来讲，做到那一步，真的很难，但至少，这是我四十年来第一次开始尝试这样去想。


我无比感激蛋碎开启的这场珍贵的《淡淡》写作之旅。在我最悲观、最恐惧和倍感凄凉的时刻，写作不仅疏导了我的负面情绪，让我得以将病痛转为放慢速度和挖掘生命意义的机会，让我得以将折磨转为经验的积淀和生命的礼物，让我得以将悲伤转为积聚能量和向前迈进；更重要的是，让我内心丰盈，让我自由，让我觉得自己更有力量，让我更加热爱生活。

当我事无巨细地逐一记录，并且由此肆无忌惮地胡乱思考时，原以为难以承受的煎熬，很快就过去了。以至于有段时间，我居然对伤痛一事意犹未尽，而且会不经意地冒出些变态的想法：假如伤得再重一些就好了，若是一个蛋蛋真被割掉了，那该是何等地英烈啊！"大战死乎，君子息焉"，说不定，还能做出点惊天地泣鬼神的大事。

"文王拘而演《周易》；仲尼厄而作《春秋》；屈原放逐，乃赋《离骚》；左丘失明，厥有《国语》；孙子膑脚，《兵法》修列；不韦迁蜀，世传《吕览》……"你看，司马迁所说的这些圣贤发愤所为之大成，并非人人都有能力和机缘做到，但至少，如果苦难没把我放倒，我也可试着让苦难帮自己摆脱生命的庸碌，给生命添上几笔色彩。反正，有一条我是确定的，你我的人生都可能有很多苦难，但对我来讲，历经苦难折磨再得到幸福，肯定比一辈子过着郁闷乏味波澜不惊的生活要好。

我的前半生，看了那么多励志的书，听了那么多励志的演讲，早就明白一个道理——苦难会使生命坠入无尽的黑暗，让人一蹶不振，无法自拔；但苦难也会变成光，转化为人生的动力，照亮生命。可我再次被这个道理彻底洗礼，是被新闻里的一条狗给打动了。

有只拉布拉多犬，名字叫 Faith，是条不到两岁的残疾犬。Faith 在睡觉时被其他小狗挤压，一只前腿萎缩，再没发育，另一只前腿发育严重畸形，无法落地行走，所以，Faith 只有两条后腿可用。

他的主人以为，Faith 必然再也站不起来，此生只能蜷缩在小窝，悲惨地度过余生。但没想到，它很快就站了起来，然后每天都练习走路，摔倒了爬起，再摔倒再爬起，一次又一次。最后，Faith 终于战胜自己的缺陷，学会了用两条后腿像人一样直立行走。

主人被深深地震惊，决定要让更多人知道 Faith 的故事，她相信，那些正在痛苦和绝望中徘徊的人们，将会因 Faith 的故事而振作，并重新对人生充满信心和希望。于是，她带着 Faith 前往一个军队医院。在那个医院里，住着很多战争中缺胳膊少腿的士兵，伤残使他们消极悲观，他们往往把自己封闭起来，既不肯面对自己，更不肯面对他人。

当 Faith 穿着迷彩衣出现在他们面前像人一样直立行走时，不需主人开口，伤员们就被震撼了。Faith 的经历让他们明白：不论在什么情况下，生命都有其意义和价值；只要不放弃希望和信念，不管遭遇多大的挫折和困难，都可以通过自身努力来克服。因此，他们开始敞开自己，并以积极的态度勇敢地面对现实。

原本应该是狗狗需要人的帮助，可现在，却变成了人需要狗狗的激励。"狗坚强"的出现，让那些遭受重大打击之后正在沉沦颓废中同病相怜的人们感到羞愧。正如《圣经》里圣徒雅各说，纵然落在百般试炼中，你也要以为是大喜乐。面对苦难，不退缩，不逃避，而是勇敢地迎向它，战胜它，这是你当选择的人生之路。你有多顽强，你的人生就会有多精彩。


和死亡一样，苦难是每个人生命中无法抹去的一部分，对一个人来讲，如果没有苦难和死亡，生命的意义无法完整。苦难的确给你我带来了不幸与折磨，可是，如果我们能够在无法改变的苦难中寻找到意义，那么，我们的苦难就不会白受，就会开始变得有价值。

我受伤后没多久，在我的公众微信号上发了篇网文，内容就是本书中上部第 16 章"蛋蛋咪咪，揪心对话"的原型，没想到，很快就收到了数百封来信。这些来信的朋友，男女各半。女性多是在乳房手术后，一直活在巨大的心理阴影中，她们告诉我，这是她们人生中第一次觉得有人能够理解她们撕心裂肺的痛楚；男性的来信，多是有难言之隐，他们倾诉自己的性自卑，希望和我的交流可以缓解他们内心的压抑和痛苦，也希望自己的性困惑可以得到解答。看着这些哭诉和共鸣，让我觉得，我的蛋碎居然对他人那么有意义；看到人们的询问和困惑，让我觉得，这本书写的是我，说的就是你；人们赋予我的信任，让我觉得即便经受再大的苦难，一切都值了。

心理学"意义治疗法"的创始人弗兰克，曾经在纳粹集中营九死一生，侥幸活下来。他认为，即便在最恶劣的境遇中，人仍然拥有一种不可剥夺的精神自由，那就是——我们也许无法改变苦难本身，但我们可以选择承受苦难的方式。只要不放弃这种自由，以尊严的方式承受苦难，这本身就是一项成就，因为这不仅仅展示的是个人的性格和品质，更加凸显的是人性的高贵和尊严，这种尊严比苦难更有力，世间的任何力量都不能将它剥夺。

正因为如此，陀思妥耶夫斯基说了句耐人寻味的话："我只担心一件事，就是怕我配不上我所受的苦难。"和那些真正经历过苦难的人们比起来，我的这场蛋碎，也许压根没资格算啥苦难，充其量，只是人生中的一次波折，可我还是希望，有朝一日，这本《淡淡》能配得上我的蛋蛋曾经受过的苦难。

# 乐嘉

**性格色彩创始人**

培训者 / 演讲者 / 写作者 / 图书人 / 主持人

1975 年生人，12 岁前长在陕西富平，13 岁后迁至宁波北仑，

19 岁起居于上海。

## 性格色彩创始人

自 2001 年创立"FPA 性格色彩"，将此课程从工作延展到生活各领域，为不同类型的组织和个人提供培训咨询。致力于帮助组织提高绩效，帮助个人知己知彼，寻找相处之道，获得幸福与平衡。

2003 年，正式用"动机论"代替了"行为论"和"类型论"，这一改动标志着"FPA 性格色彩"与其他四种类型分类体系的正式区分。2008 年，带领团队在多年摸索后，发展并奠定"洞见""洞察""修炼""影响"四大专业研究领域。这四个革命性的创造，使研究方向既相互独立又有机结合，共同构成"FPA 性格色彩"这门实用心理学工具中最重要的四大体系。

如今，已成功将"FPA 性格色彩"的应用，逐渐延伸到企业和个人应用的各个层面，包括领导力、销售、客服、招聘、两性关系、子女教育、学校教育、心理咨询，致力于引领大众对于性格分析的理解从阳春白雪向实用工具转变，并使用性格色彩影响、改变每个人一生的人际关系和幸福指数。

## 培训者

创办中国性格色彩培训学院和本色演讲口才学院，专精于培训两大领域：性格色彩和演讲。已培养出数百名活跃在各地的性格色彩培训师、演讲师和咨询师。

与此同时，作为训练专家和私人教练，可化腐朽为神奇，帮助任何人短时间内迅速提升公众演说能力。在《演说家》节目做导师期间，培养出数十名网络上演讲点击率上亿次的超级演说家。

早年，曾经训练服务过的客户遍布国企、外企、民企、政府及非营利性机构。目前，是上海大学悉尼工商学院、西北大学经管学院、河海大学、上海温哥华电影学院的客座教授，也是清华、复旦、上海交大、同济、华东师大、武汉大学、中山大学的特聘导师，为 EMBA、MBA、MPA、MFA 及各类总裁班举办讲座。

## 演讲者

二十年演讲经验，国内外大小演讲过 2000 场，直接受众 200 万。从国家行政学院面向政府官员的"运用性格知人识己"，到各大商学院面对企业家和高管的"性格领导力"；从剑桥大学的"如何用性格塑造演讲风格"到国内各知名大学的"嘉讲堂校园巡回演讲"；从面对海外华人的"性格与婚恋亲子"到面对国内教育机构的"因人而异，因色施教"。演讲主题围绕性格应用的各个领域，覆盖面广泛。

演讲风格极富现场穿透力和舞台感染力，加之天生的激情和高超的舞台表演技巧，塑造出国内讲台上前所未有的风格。

他能将复杂的心理学理论，以戏剧化且震撼心灵的手法呈现给观众，被大众誉为"思想性与表现力共存的天才演讲家"。

## 写作者

国内实用心理学领域最有大众影响力的作家，也是性格分析研究和应用领域销量最大的作家。在当当网图书－心理学分类中，开创了"性格色彩学"分类。在喜马拉雅中开辟了"性格色彩"频道。迄今，个人已出版著作11本，总销量逾500万册。

● **2006 年 《色眼识人》**

性格色彩学最重要的基础必读书，全面地阐述了四种性格的优势和弱势，是所有性格色彩著作的奠基石。

● **2010 年 《色眼再识人》**

在《色眼识人》的基础上，继续深度分析四种性格的局限和每种性格潜藏的动机。与前者合二为一，可初步完成对四种性格色彩的了解，堪称性格色彩的经典套装。

● **2010 年 《人之初，性本色》**

性格色彩专业随笔。包括文化、世相、职场、情感四章35篇，未看过入门书的，会觉得读之门道神奇，不明觉厉；懂点性格色彩的，读之如饮甘饴，玄妙无穷。

● **2010 年 《让你的爱非诚勿扰》**

风靡全球华人的电视相亲节目《非诚勿扰》纪实和节目当中的情感分析。

- 2011 年 《跟乐嘉学性格色彩》

  性格色彩最简易的成人漫画版入门读物。

- 2012 年 《微勃症》

  乐嘉生命感悟小随笔，有思想、有故事、有趣味，且阅读轻松的马桶读物 I。

- 2013 年 《谈笑间》

  乐嘉生命感悟小随笔，有思想、有故事、有趣味，且阅读轻松的马桶读物 II。

- 2013 年 《爱难猜》

  性格色彩 16 篇情感随笔，读者对象是所有正在恋爱和婚姻中的人。

- 2013 年 《本色》

  前无古人的自剖录。通过 20 个不同角度的凶狠凌厉、刀刀入骨的对乐嘉本人的自我剖析，向读者展现并且示范了如何通过洞见自我来获得内心真正的力量。剖的是写书的那个人，说的是看书的每个人。

- 2015 年 《写给单身的你》

  想恋爱的人用这本书脱单，找到合适的人；正恋爱的人用这本书学习两性相处；不想结婚的人用这本书化解外界压力，享受自己的生活；已婚者用此书读懂彼此。表面上，这本书是性格色彩的恋爱应用宝典，其实，这本书是从情感角度谈如何认清自己，通往自己想要的幸福。

- 2016 年 《淡淡》

世间奇书，古往今来绝无仅有的关于男人蛋蛋的宝典，描绘了一个男人蛋蛋碎后的生理恢复和心理重建的巨著。本书内容浩瀚无边，精微博大，具有心理百科全书式的洞察力、研磨力和回叙力。

## 图书人

创办性格色彩图书中心，致力于通过各个角度普及和传播各方人士性格色彩的研究成果和运用心得。

其中，《色界》是乐嘉亲自主编的第一套大型性格色彩应用书系。书中每篇文章的作者都是来自于全球各地的性格色彩传道者，他们都是各行各业的精英或各个阶层的不同代表。通过长期运用性格色彩这一工具，都在事业和生活上取得了卓越的成效和巨大的改变。每本《色界》都包括 6 个部分：行业篇（不同行业的性格色彩应用）、职场篇（每个企业和组织都需要用到的性格色彩工作应用）、情感篇（性格色彩在婚姻关系、恋爱关系、婆媳关系、父母关系中的运用）、亲子篇（性格色彩在子女教育和学校教育中的运用）、文艺篇（性格色彩分析影视等文艺作品）、世界篇（性格色彩看世界上不同的国家和文化）。

- 已经出版：

2014 年《色界 1：活得舒坦并不难》

2015 年《色界 2：说话说到点子上》

2016 年《演说家是怎样炼成的》

- **即将出版:**

  《性格色彩品三国》

  《性格色彩品红楼》

  《如何搞定你的孩子》

  《性格色彩自助指南》

  《100 倍的人生智慧——性格色彩观电影》

## 电视人

| | | |
|---|---|---|
| 2010-2013 年 | 江苏卫视 | 《非诚勿扰》心理专家 |
| 2010 年 | 深圳卫视 | 《别对我说谎》主持人 |
| 2011 年 | 江苏卫视 | 《老公看你的》主持人 |
| 2011 年 | 江苏卫视 | 《不见不散》主持人兼心理专家 |
| 2013 年 | 深圳卫视 | 《夜问》主持人 |
| 2013 年 | 央视一套 | 《首席夜话》主持人 |
| 2013-2015 年 | 安徽卫视 | 《超级演说家》第 I/II/III 季导师 |
| 2014 年 | 北京卫视 | 《妈妈听我说》主持人 |
| 2014 年 | 安徽卫视 | 《超级先生》主持人 |
| 2015 年 | 央视一套 | 明星体验真人秀《了不起的挑战》 |
| 2014-2016 年 | 北京卫视 | 《我是演说家》第 I/II/III 季导师 |

- 微信：lejiafpa

- 微博：http://weibo.com/lejia

- 官网：http://www.fpaworld.com

乐嘉公众号　　　　　　FPA 性格色彩公众号

图书在版编目（CIP）数据

淡淡 / 乐嘉著 . -- 北京 : 中国文联出版社，
2016.9
　ISBN 978-7-5190-1909-9

　Ⅰ . ①淡… Ⅱ . ①乐… Ⅲ . ①男性－情感－通俗读物
Ⅳ . ① B842.6-49

中国版本图书馆 CIP 数据核字 (2016) 第 187975 号

**淡淡**

作　　者：乐　嘉

出 版 人：朱　庆
终 审 人：奚耀华　　　　　　复 审 人：胡　笋
责任编辑：蒋爱民　　　　　　责任校对：傅泉泽
封面设计：仙　境　　　　　　责任印刷：陈　晨

出版发行：中国文联出版社
地　　址：北京市朝阳区农展馆南里 10 号，100125
电　　话：010-85923066（咨询）85923000（编务）85923020（邮购）
传　　真：010-85923000（总编室），010-85923020（发行部）
网　　址：http://www.clapnet.cn　http://www.claplus.cn
E—m a i l：clap@clapnet.cn　jiangam@clapnet.cn

印　　刷：北京彩虹伟业印刷有限公司
装　　订：北京彩虹伟业印刷有限公司
法律顾问：北京天驰君泰律师事务所徐波律师
本书如有破损、缺页、装订错误，请与本社联系调换

开　　本：670×980　　　　　　1/16
字　　数：260 千字　　　　　　印张：20.5
版　　次：2016 年 9 月第 1 版　　印次：2016 年 9 月第 1 次印刷
书　　号：ISBN 978-7-5190-1909-9
定　　价：39.80 元